高等院校艺术设计专业精品系列教材

Art Makeup & Modeling Design

艺术化妆与造型设计

艾　青　赵　轲　张　晗　**主　编**
何万译　陈　林　吴春燕　**副主编**

总主编　邓诗元

中国轻工业出版社

图书在版编目（CIP）数据

艺术化妆与造型设计 / 艾青，赵轲，张晗主编. —北京：中国轻工业出版社，2025.1

全国高等教育艺术设计专业规划教材

ISBN 978-7-5184-1753-7

Ⅰ. ①艺… Ⅱ. ①艾…②赵…③张… Ⅲ. ①化妆—造型设计—高等学校—教材 Ⅳ. ①TS974.12

中国版本图书馆CIP数据核字（2017）第306119号

内容提要

本书结合当今时尚潮流，精心挑选高清图片，配合多重文字介绍，全面讲解艺术化妆造型设计全方位内容，包含化妆造型、发型造型、美甲造型、手工饰品设计与制作、案例赏析等内容，使读者能详细了解化妆造型的细节知识，在欣赏美妆造型带来的视觉盛宴时，掌握化妆造型技术。此外本书辅以表格、补充要点、精美图片、课后习题、PPT课件等多种要素，全方位向读者展示艺术化妆造型所蕴含的多重知识。本书适合化妆专业师生、职业化妆师、化妆爱好者阅读。

责任编辑：王　淳　李　红　　责任终审：孟寿萱　　封面设计：锋尚设计
版式设计：锋尚设计　　责任校对：吴大朋　　责任监印：张　可

出版发行：中国轻工业出版社（北京鲁谷东街5号，邮编：100040）
印　　刷：艺堂印刷（天津）有限公司
经　　销：各地新华书店
版　　次：2025年1月第1版第4次印刷
开　　本：889 × 1194　1/16　印张：7.5
字　　数：230千字
书　　号：ISBN 978-7-5184-1753-7　定价：46.00元
邮购电话：010-85119873
发行电话：010-85119832　010-85119912
网　　址：http://www.chlip.com.cn
Email：club@chlip.com.cn

250114J1C104ZBW

在日常生活中，每个人都会注重自己的仪表风度和外在装扮，因为这些都是体现一个人文化修养和思想内涵的主要形式。化妆可以起到美化个人形象的作用，但是化妆的方法数不胜数，不能随便处理，而是要和出席不同场合的身份和自身的年龄相结合，选择适合自己的装扮，这样才能扬长避短，使化妆起到美化个人形象的作用。现代化妆是以一定的社会大众审美意识为基础，力图改变个人内在与外在形象的行为。于外人而言，化妆是一种装扮，于自身而言，化妆更像一种交流、一种鼓励、一种沟通。在生活与工作转换的时间内，通过化妆，整理好个人心情也是一种自我沟通。

从古至今，人们一直都没有停止过化妆，使用各种化妆品和个人卫生用品来修饰妆容。古埃及人将眼妆看作是妆容中最重要的部分，其化妆品原料是孔雀石和铅，研磨之后即可作为眼影使用。黑色的眼影看上去美丽、轮廓明显，但为很多人所不知的是它有一个重要的功能是帮助减少沙漠上太阳反光对眼部直接的伤害。现代人使用隔离或者防晒，事实上也会很大程度上起到保护皮肤的效果。从某种意义上说，这也可算作进化或者传承。

在17世纪，“美人痣”曾在西欧风行一时，它原本是涂在脸部斑点上的小块化妆品，不久后，这种小痣被竞相仿效，成为一种特殊的记号。在路易十五的宫廷里，这块小痣放在脸部的不同部位就有不同的意义，在眼角表示热情，在额头表示高贵等，古人亦有在身上刻画图腾的先例。这意味着妆容的细节常常还起着“记号”与“标志”的作用。例如，现代我们常常认为红唇是性感，文身是叛逆，这些标志在原理上都是一种社会分类学。因此，化妆是一种自我形象塑造，用社会学理论来解释，就是扮演角色或者自我实现。

现代化妆造型的发展至今已有几十年的历史，过去，人们将与之相关的行业统称为“美容业”，而今经过不断的发展，“美容业”逐渐细化出种类多样的职业，如化妆、整形、美容、美甲等，各个职业都有其特有的专业培训和行业标准，也是当今社会较为热门的职业。从古代到现代，艺术化妆造型技术一直没有被历史的尘埃所湮没，而在未来的发展趋势中，化妆造型技术将会更加完善与多样。当然，妆容与造型没有绝对的完美，只有适合化妆者的才是最好的。

本教材在汤留泉老师指导下完成，在编写中得到以下同事、同学的支持：吴春燕、袁倩、胡思闽、万丹、邹静、柯玲玲、张欣、赵梦、刘雯、李文琪、李艳秋、刘岚、邵娜、郑雅慧、张颢、桑永亮、权春艳、吕菲、蒋林、付洁、董卫中、邓贵艳、陈伟冬、曾令杰、肖亚丽，感谢他们为此书提供素材、图片等资料。

编者

目 录
CONTENTS

第四章　发型造型

第五章　美甲造型

第六章　手工饰品设计与制作

第七章　化妆与造型案例解析

第一章 艺术化妆概述

学习难度：★★☆☆☆
重点概念：当今状况、未来趋势、商业价值、文化价值

PPT课件，请用计算机阅读

章节导读

爱美是人类的天性，早在原始时期，人类就开始用一些特别的东西来装饰自己，使自己变得更加美丽。考古学家曾在原始人类的遗址上发现用小石子、贝壳或兽牙等物制作而成的美丽的串珠用于装饰，在洞穴壁画上发现了美容化妆的痕迹。化妆既能尊重别人又能增强信心，增添生活色彩，而化妆的最高技巧在于使原本漂亮的部分更加出色、突出，使原本并不漂亮的部分变得漂亮起来。化妆不是女性专属，更没有性别限制（图1-1）。

图1-1　化妆造型

第一节　艺术化妆发展史

生活中，适度而得体的化妆，可以体现女性端庄、温柔、美丽、大方的独特气质。化妆是用化妆品及艺术描绘手法来达到装扮美化自己的目的。化妆一定要适当，恰如其分，才能更好地体现五官的优点，让人更美，充满信心，并充满魅力。社交场合，得体适度的化妆，既是自尊自信的表现，又体现了对他人的尊重。

一、古代艺术化妆发展

化妆艺术从过去使用铜、铅砂、砷、汞、碎浆果、燃烧过的火柴等天然成分，发展为如今使用合成物和矿物产品。为了追求极致的美，人们使用了对人体有害的物质，比如砷、铅、汞等作为化妆品的原

料，以达到想要的美容效果。化妆行业从起步到成熟是一个递进的发展过程。

1. 中国

在夏、商、周时期，中国妇女的铅粉装束开始兴起，即“三代以铅为粉”。在殷纣时期，开始使用红蓝花，压出汁凝固做成胭脂。这只是皮肤，随后进入描画时期，画眉是中国最流行也是最常见的化妆方法，时间久了审美就开始变化了，后来有人易容，就产生了淡妆、浓妆和艳妆。中国古代化妆最兴盛的时期属秦汉时代（图1–2），当时无论是贵族还是平民阶层的女性，都会注重自身的容颜装饰（图1–3、图1–4）。

（1）花钿　这种化妆方式又称花子、面花、贴花，是贴在眉间和脸上的一种小装饰。贴花钿成风是在唐朝。做花钿的材料十分丰富，有用金箔剪裁成的，还有用纸、鱼鳞、茶油花饼做成的，甚至蜻蜓翅膀也能用来做花钿（图1–5、1–6）。

（2）口红　古代称口红为口脂、唇脂。口红化妆的方式很多，中国习惯以嘴小为美，唐朝元和年（806）以后，由于受吐蕃服饰、化妆的影响，出现了“啼妆”、当时号称“时世妆”，这种妆不仅无甚美感，而且给人一种怪异的感觉，所以很快就不流行了。唐宋时还流行用檀色点唇，檀色就是浅绛色，这种口红的颜色直到现代还在流行着（图1–7）。

（3）傅粉施朱　傅粉即在脸上搽粉。中国古代妇女很早就搽粉了，这一直是最普遍的化妆方式。古人还把傅粉等化妆方式同道德修养相联系，指出美容应与自我的修身养性结合起来（图1–8）。随着傅粉，女子往往还要施朱，即在脸颊上施一定程度的红色妆品，使面色红润。这种妆品便是为人所熟知的胭脂。

（4）额黄　额黄又叫鸦黄，是在额间涂上黄色。这种化妆方式现在已不使用了，它起源于南北朝，在唐朝盛行。这种妆饰的产生，与佛教的流行有一定关系。南北朝时，佛教在中国进入盛期，一些妇女从涂金的佛像上受到启发，将额头涂成黄色，渐成风习（图1–9）。

（5）画眉　画眉是中国最流行、最常见的一种化妆方法，产生于战国时期。

图1–2　西汉时期妆容造型

图1–3　北魏时期妆容造型

图1–4　武周时期妆容造型

“黛黑”指的就是用黑色画眉。汉代时，画眉更普遍了，眉毛像远山一样秀丽。后来又发展成用翠绿色画眉，且在宫廷中也很流行。到了盛唐时期，流行把眉毛画得阔而短，形如桂叶或蛾翅。为了使阔眉画得不显得呆板，妇女们又在画眉时将眉毛边缘处的颜色向外均匀地晕散，称其为“晕眉”。还有一种是把眉毛画得很细，称为“细眉”。到了唐玄宗时画眉的形式更是多姿多彩，名见经传的就有十种眉：鸳鸯眉、小山眉、五眉、三峰眉、垂珠眉、月眉、分梢眉、涵烟眉、拂烟眉、倒晕眉（表1–1）。

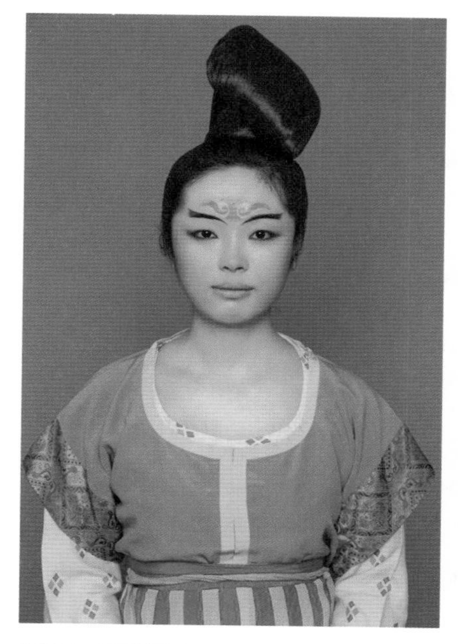
图1–5　额花钿

图1–6　唐代花钿

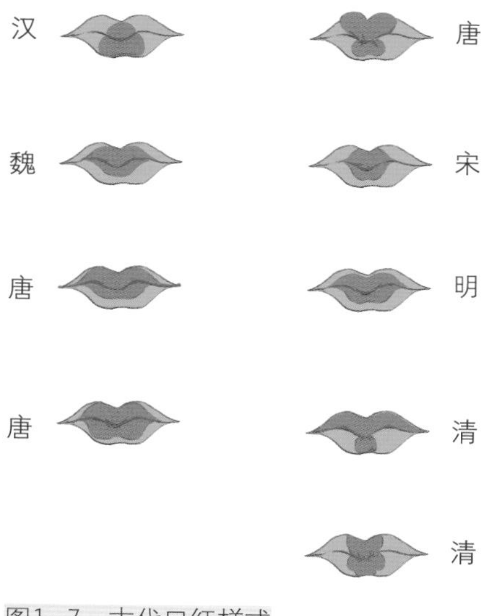

图1–7　古代口红样式

图1–8　傅粉施朱

图1–9　额黄

表1–1　唐朝眉形变化表

时期	年（公元）	眉形图样	时期	年（公元）	眉形图样
贞观	627～649		景云	710	
麟德	664		先天～开元	712～714	
总章	668		天宝	744	

续表

时期	年（公元）	眉形图样	时期	年（公元）	眉形图样
垂拱	688		天宝十一年后	752年后	
如意	692		约天宝～元和初年	约742～806	
万岁登封	696		约贞元末年	约803	
长安	702		晚唐	约828～907	
神龙	706		晚唐	约828～907	

2. 外国

（1）古埃及时期　古埃及时期男人和女人全部化妆。古埃及的妇女妆容厚重，描着上下眼线，常用金色、蓝色的眼影。眉毛粗厚，高高向上挑起。当时流行的唇色也很艳丽，古埃及女性多是红色和橙色（图1–10）。

（2）古希腊时期　古希腊时期化妆术的目标是自然美。眉毛连成一线是古希腊女性广受欢迎的眉形。若是眉间无法自然连成一线，有些女性或是在眉间粘动物皮毛或是用眼影粉补上眉毛。古希腊女性通常用含铅面霜提亮肤色（图1–11）。

（3）伊丽莎白时期　在伊丽莎白女王统治的时代，脸色苍白无血色，被认为是地位的象征。所以苍白的妆容是从那时开始流行的。爵士的妻子和小姐们，会涂抹一些白矾来打底，再往颧骨上涂一层朱砂。这种白粉对皮肤伤害极大，而且会让皮肤形成依赖性（图1–12）。

（4）日本艺伎妆容　艺伎在18世纪中期成了日本社会不可分割的一部分。艺伎妆容有三个基本特征：厚白色底妆，眼眉之间的红色眼影以及不覆盖所有唇部面积的红色唇妆，不同级别训练的艺伎画不同的妆（图1–13）。

（5）印度笈多王朝时代　该时代，女性延续了古代人画眉的方式。比较有特点的是她们的发型，要

图1–10　古埃及妆容

图1–11　古希腊妆容

图1–12　伊丽莎白时期妆容

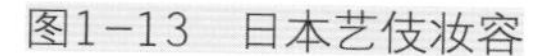

图1-13 日本艺伎妆容

图1-14 印度妆容

图1-15 默片女星葛丽泰·嘉宝

么是低垂的发髻上别一朵鲜花，要么便是清爽的黑辫子轻搭在身后。印度女郎眉间红点，在印度被称为吉祥痣，吉祥痣是印度妇女、小孩的一种装饰，在不同情况下表示不同含意。从前，吉祥痣用红色，是女子已婚的标志。未婚的姑娘或寡妇不能使用。现在人们认为吉祥痣非常时髦，因此被广泛使用（图1-14）。

（6）默片时代　19世纪末期，无声电影产业兴起，女演员开始走上历史舞台，她们改变了人们对化妆的看法。金属色眼妆厚重得好像油画一般，一层一层刷上去，眼尾尽头甚至带有油画笔触的质感，相当抢眼前卫（图1-15）。

二、20世纪艺术化妆发展

真正意义上的化妆革命从20世纪初开始。受到芭蕾舞演员和剧场明星的影响，化妆在欧洲和美国成为时尚，而电影产业的出现造就了一批好莱坞明星，使得化妆更为流行。这个时期为女性能够别出心裁地、自由地展示自己的美打下坚实的基础（图1-16）。

图1-16 好莱坞女星凯瑟琳·赫本

过去流行的苍白皮肤在这一时期彻底反转。富人和社会精英们在闲暇时到处旅行，在海滩上晒太阳，去新开的豪华度假村度假。因此，晒黑后的古铜色肤色成为财富和成功的象征（图1-17）。

1. 20世纪早期

20世纪早期化妆品应用飞速发展。女性多年来一直使用自制的睫毛膏，这种自制化妆品能在睫毛尖涂上热的蜡珠，达到增长、加浓、提色的效果。1915年，T·L·威廉姆斯将凡士林与煤粉混合，涂在他妹妹的眼睫毛上，使睫毛看上去更黑更浓密，就这样，世界上第一支意义上的睫毛膏诞生了（图1-18）。这一时期莫里斯·李维为唇膏巧妙地设

图1-17 女星蕾哈娜古铜色肌肤

图1-18 睫毛膏广告

图1-19 塞尔福里奇百货公司

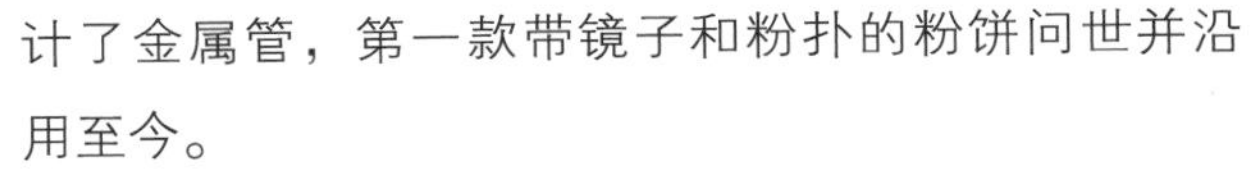

计了金属管，第一款带镜子和粉扑的粉饼问世并沿用至今。

女性的自信心在不断增强，对于更青春美丽的容颜更加渴望。化妆品再也不是在私人沙龙里偷偷销售，而是被成千上万女性大大方方地使用。美容沙龙的生意因此扶摇直上。第一个公开展示和销售化妆品的沙龙是塞尔福里奇，由来自美国威斯康星州的哈里·戈登于1909年在伦敦创办。如今，塞尔福里奇百货依然屹立不倒，它位于牛津街，占地50000平方米，销售的百货从美容化妆品到服饰、鞋、玩具、家具、珠宝、家居用品，一应俱全，应有尽有（图1–19）。

2. 20世纪20年代

“咆哮的20年代”属于摩登女郎，她们是脱胎换骨的女性。摩登女郎是美国北方城市的中产阶级，她们年轻、独立、单身，有着自己的工作和可支配的收入。摩登女郎风格崇尚深色的眼睛、红色的唇膏、红色的指甲油，这种风格的出现推动了女性解放和化妆品大众市场的形成（图1–20）。

图1-20 复古摩登女郎妆容

在20年代，唇膏也扮演了一个全新的角色。这10年里出现了新的唇膏颜色，不同深浅的红色也被广泛使用。受到著名影星克拉拉·鲍的影响，人们用唇膏仔细地在嘴上涂成心形，让唇部线条更柔美，其被称为“桃心唇”（图1-21）。像现在一样，20世纪20年代的人最重视唇妆和眼妆。长期以来，人们用各种原料突出眼睛，这一时期出现了第一款睫毛夹kurlash，尽管价格不菲，也不太好用，但Kurlash迅速占领了市场，消费者并没有因为价格而将它拒之门外。

3. 20世纪30年代

伊丽莎白·雅顿在20世纪30年代开办了一家美容院。这种新型美容院使得普通女性有机会体验不同类型和色系的彩妆，也促使其他化妆品公司开始着手研发颜色更为齐全的唇膏。唇膏逐渐被人接受，种类越来越多，选择也越来越多，它成为女性性感和成熟的象征。而这一时期成年人依然不赞成青少年使用唇膏，人们认为青年涂唇膏是叛逆的表现（图1-22）。

在1935年的一期Vogue杂志中，特别介绍了土耳其女性如何像古埃及人一样用深色指甲花画出杏仁形眼线。杂志因此在高端时尚界打响名声，由于杂志上模特演绎的这种眼妆与吸血鬼的眼睛很相似，于是这种妆容被称作“吸血鬼妆”（图1-23）。

4. 20世纪40年代

第二次世界大战前后，由于现实需要，女性开始从事像工程师、科学研究等曾经被男性统治的职业。纽约和新泽西的有机化学家海柔尔·毕夏普将她的专业技能投入化妆品行业，她在20世纪40年代发明了第一款持久唇膏，取名为“耐吻唇膏”。在当地一位广告商雷蒙德·斯佩克特的帮助下，毕夏普的唇膏生意蒸蒸日上。战争时期，人们前往电影院或剧院逃避战争，电影明星的造型和装扮从那时开始便成为时尚和潮流的风向标（图1-24、图1-25）。

图1-21　克拉拉·鲍的星形唇妆

图1-22　唇膏

图1-23　吸血鬼妆容剧照

图1-24 二战时期女演员琼·芳登

图1-25 二战时期女演员费雯·丽

图1-26 奥黛丽·赫本的猫眼妆

图1-27 玛丽莲·梦露妆容造型

图1-28 伊丽莎白·泰勒妆容造型

图1-29 碧姬·芭铎深色烟熏眼妆

5. 20世纪50年代

在20世纪50年代，许多女性视化妆品为日常生活必需品，对于不同种类化妆品的需求与日俱增。化妆品广告也是如此。有一段时间人们使用一次性唇膏盒，但在奥黛丽·赫本的猫眼妆出现之后，大家的注意力很快便从唇妆转向了眼妆（图1–26）。像玛丽莲·梦露和伊丽莎白·泰勒这样的好莱坞魅力女星对当时的时尚风格和造型有着巨大的影响（图1–27、图1–28）。

著名的法国影星碧姬·芭铎以她性感迷人的深色烟熏眼妆和浅淡的唇妆闻名于世（图1–29）。为了进一步突出眼部妆容，化妆品市场出现了颜色各异的睫毛膏，蓝色、绿色、紫色的睫毛膏甚至比常见的棕色或黑色睫毛膏更受欢迎（图1–30）。

6. 20世纪60年代

20世纪60年代（初期）。这一时期，在婴儿潮时代出生的人纷纷长大成

图1-30　彩色睫毛膏

图1-31　嬉皮士

图1-32　嬉皮士彩绘

图1-33　伊迪·塞奇威克

图1-34　崔姬

人，他们将这10年定义为属于他们的10年。不同历史时期出现的反主流文化都有着自己独特的风格，各种各样的流行妆容在这期间诞生，有嬉皮士的自然妆容，也有夸张的摩登风格浓妆。对于爱好自由、喜好玩乐的嬉皮士来说，化妆是为了让面部看起来更自然，但在面部和身体涂上鲜艳的色彩和图案也很受欢迎（图1–31、图1–32）。

20世纪60年代（中期）。此时化妆成为反主流文化的一种表达方式，特别是在越演越烈的女性运动中。参与女权运动的人几乎不化妆，因为她们认为化妆品会将女性物化为男性的性对象，而女性应该是独立的个体。她们坚信化妆体现了女性的二等地位。还有一些女权主义者则认为化妆能够推动女权运动，让她们不再步她们母亲的后尘，尽早从陈旧、受压抑的社会角色中解放出来。

这一时期一大批女性视崔姬和伊迪·塞奇威克为潮流偶像，厚重的底妆和夸张的眼妆在摩登风格的影响下开始流行（图1–33）。这种60年代的风格始于伦敦，并通过杂志、音乐、艺术以及像塞奇威克这样的知名人物迅速传播到世界各地。世界上第一位英国超模崔姬就是这种夸张妆容的代表人物（图1–34），她演绎的妆容使用假睫毛，或者涂好几层厚厚的睫毛膏，唇部只涂淡淡的颜色，突出夸张的眼妆，面部则用阴影打造出凹陷的效果，让原本就纤瘦的模特看起来更瘦，这种妆容堪称经典。

20世纪60年代（后期），搭配管状睫毛膏使用的涂抹棒出现并得到广泛运用。在此之前，人们只能用湿的刷子沾取睫毛膏粉涂睫毛，涂完之后还必须等它变硬凝固。

整个20世纪60年代充满了新潮流和新的表达方式，化妆使它们更加突出耀眼（图1–35）。

7. 20世纪70年代

到了20世纪70年代，嬉皮士们依旧渴望自然的妆容。在此之前，化妆品几乎都是为白种人和肤色较苍白的人群设计的。进入70年代，一些化妆品公司注意到，肤色较深的女性如果使用浅色的底妆产品，会让她们的脸看起来暗黄无光，于是开始注意迎合这部分消费群体的需要（图1–36）。大型化妆品公司看到了深色皮肤这块尚未开发的市场，专为深色皮肤推出了粉底、散粉等基础化妆品。这一趋势得到了很好的发展，今天的化妆品色彩选择适合于不同文化的各种肤色（图1–37）。

三、当今艺术化妆状况

从20世纪末到21世纪初，化妆品仍然是消费市场中变化和发展快速的产品之一。它继续发展为所有女性日常梳妆打理的必需品。

日本艺伎、印第安人和非洲部落依旧保持着自己的传统，因此一些特定的化妆术仍沿用至今。即便是在传统的文化中也开始使用合成化妆品。然而，对环境问题的关注使得有机化妆品迅速在全世界范围内兴起。2007年，全球有机化妆品的销售额达到了70亿美元（图1–38）。

今天，化妆的流行趋势随着季节而改变。由于技术和社交网络的发展，化妆艺术几乎每天都会发生变化。21世纪的时尚趋势和产业目标不再是模仿喜欢的名人，而是展示自我。化妆是为了彰显每个人的个性。化妆也不再只是身份地位的象征，来自全世界不同文化、不同社会群体的人都化妆（图1–39）。

由于人们对高品质化妆品的需求持续升温，口碑好的高档化妆品品牌市场

图1–35 睫毛膏涂抹棒

图1–36 不同色号的粉底液

图1–37 针对黑人皮肤的粉底液

得以开发。2009年欧睿集团全球彩妆报告显示，美国高档化妆品的年销售额为34亿美元，创造一个化妆品市场，不仅需要更好的化妆品原料和质量，还需要更高的价格来匹配。

四、未来发展趋势

这几年，随着经济的发展，文明的进步，我国开始融入国际，在生活水平和质量的提高以及许多时尚元素的冲击下，人们对美的要求越来越高，也对自己的仪表仪态更加重视。在这样的情况下，化妆一改以前的状态，逐渐普及，成为当今人们最常做的事情之一，化妆师的地位也得到了很大的提高。人们可以通过化妆，遮住瑕疵提升优点，展现完美形象。

在工作中，一个精致的装扮，得体的仪态可以在职场中有个干练的形象，给领导给同事留下好的印象，更容易获得晋升机会，在日常生活中，美丽的妆容可以让人更好融入朋友圈。化妆的普及，让化妆不再只局限于舞台艺术表现，而是在各行各业中都发挥出了最大的作用，如影视、广告、杂志的拍摄定妆、明星造型室、化妆产品代言（图1-40）、影楼、婚纱馆的妆容塑造等（图1-41）都需要专业优秀的化妆师，从而体现了化妆师的发

图1-38 化妆品店

图1-39 各类化妆品

图1-40 杂志的拍摄定妆

图1-41 影楼妆容塑造

展趋势以及良好的就业前景。正是拥有这样好的发展，使想要成为化妆师的人数在不断上升。

影视业与化妆行业其实是紧密相连的两个产业，现在越来越多的日韩、欧美影视都进入中国市场，这也等于将许多影视化妆投入在中国，极大扩张了中国化妆行业的需求量（图1-42）。人们在日韩、欧美潮流的影响下，也渐渐开始了对时尚和形象美产生了狂热的追求和追捧。除了年轻人外，还有越来越多的人开始愿意为自己的个人形象消费时间精力和金钱，不论是上街美容美发还是在影楼拍摄写真，这些都离不开化妆师的参与。由此可见，化妆师在目前的市场中已经处于举足轻重的地位（图1-43）。

图1-42　韩剧妆容造型

图1-43　化妆师

– 补充要点 –

知名化妆大师

1. Pat McGrath

Pat McGrath是Max Factor的全球首席化妆师，被化妆品行业奉为是未来趋势的领先者。她有把握人物特征的天赋，用她柔和细腻的触觉以及充满活力的个性充分体现出与众不同的化妆魔力。从迪奥到普拉达T台妆容都由Pat McGrath一手打造。

2. Bobbi Brown

Bobbi Brown是Vogue等一线时尚杂志的资深化妆师，于1991年在美国纽约创立的Bobbi Brown著名专业彩妆品牌。素有好莱坞裸妆皇后之称的Bobbi Brown以干净、清新、时尚的理念闻名于世，革命性首创的自然妆概念，令她在好莱坞、时尚界乃至各顶级时尚秀场中皆享有盛誉。

3. Kevyn Aucoin

Kevyn Aucoin是纽约最顶级的化妆奇才，身为对于面部修容研究得最透彻的人，旨将每个人的五官都打造出最完美的状态。他是惟一获得美国潮流设计师协会颁发奖项的化妆师，也是众多电影明星、流行歌手和超级模特的首选化妆师。

4. Aaron De Mey

Aaron De Mey 是Lancome全球彩妆创意总监，是一位彩妆奇才，精通色彩与质感调配，美妆注重突出个性。

5. 植村秀

植村秀是日本第一位男性化妆师，也是第一位在好莱坞成名的日本化妆师。作为全球首创“风尚妆容”的先驱，他从1968年开始推出化妆的舞台表演，因而被誉为“将化妆升华成为艺术之第一人”。

6. 吉米

吉米是国内一位来往国际的著名形象设计师、一位签约海外公司的形象设计师、一位举办了时装设计展的造型师；中国历届模特大赛评委、总形象设计师。

第二节　艺术化妆的影响

化妆是指在日常活动中，用化妆用品以及艺术描绘的手法来美化自己，以达到增强自信、气质和尊重他人为目的一项的生活技能。

一、对工作生活的影响

化妆可以遮盖面部瑕疵，提升人的气质。在生活中，简单的妆容能使人变得精神焕发，良好的气色利于人们结交朋友。在工作中，精致的妆容不仅是对自己的尊重也是对顾客的尊重，同时也能提升公司的形象，减轻工作压力。如今许多工作也要求淡妆上班，例如银行柜员、商场销售等（图1–44），虽然可以不用每天化妆，但是一定要学会化淡妆，化淡妆可以塑造更好的自己（图1–45）。

二、对特殊场合的影响

一些特殊场合，例如影视剧拍摄场地（图1–46）、舞台等，都需要化妆，并且对化妆的技术要求很高。影视化妆造型是影视艺术创作中的重要组成部分，是构成剧中人物性格特征的主要因素。舞台表演化妆造型是舞台表演艺术中的重要环节之一，也是舞台表演艺术的重要表现形式。化妆师结合剧情人物角色的外貌形象特征，采用各种各样的化妆特效手段以及特有的材质如油彩、羽毛、胶水粘贴、亮片、蕾丝、水钻、花瓣等用品与剧情人物角色的吻合，最后达到灯光舞美的效果（图1–47）。

图1-44　商场销售化妆形象

图1-45　空姐妆容造型

图1-46　影视人物化妆造型

图1-47　舞台化妆造型

- 补充要点 -

京剧化妆常识

面部化妆是戏曲人物造型的一部分，是塑造角色面部形貌的一个重要的艺术手段，作为一个戏曲演员，艺术修养是多方面的，在表演上，声腔上固然要有着很好的造诣，但如果不善于或不熟悉化妆艺术，也是一个极大的缺陷。

我国传统戏曲艺术对于生、旦、净、末、丑各行角色的面部化妆非常讲究，下面以旦角面部的化妆技巧为例说明（图1-48）。

图1-48　旦角妆容造型

1．面部的白粉

旦角的脸上要全部擦粉，粉底子要均匀，演员本人的真眉和嘴唇，要用粉盖住，以便画眉和涂抹口红。颈脖上不要擦粉，但须扑粉，手上也需要擦粉，但要比脸上的白粉略轻一些。

2．胭脂

各行角色的面部化妆，以旦角用胭脂最重，但也不可抹成红脸。深浅的程度要按照灯光照明的强弱来决定。在较强的灯光下，胭脂宜稍重，在较弱的灯光下胭脂宜较淡。胭脂除了美化脸部和表现颜面红润外，还有调整和改变面部凸凹的作用。胭脂大致可以分为两种，一种是桃红色的，一种是大红色的。桃红色比较艳丽娇嫩，大红色比较温暖柔和。

3．口红

演员口型不一，涂画口红需按口型的不同分别加以处理。一般的抹法，是较演员本人口型稍小一点，下唇比上唇更小一些。下唇靠近嘴角的地方，要留出一小块白粉补画对各人口型不同的处理，大体是口型大的涂小些，小的略涂大一些。厚的宜画薄，薄的宜加厚。

课后练习

1. 简述化妆艺术在我国的发展情况。
2. 简述化妆艺术在西方国家的发展情况。
3. 结合当今化妆艺术的发展情况，谈谈你对化妆的看法。
4. 你认为化妆艺术还能在哪些地方发挥作用?
5. 课后查阅相关知识，简述京剧中除旦角外，其他角色的化妆要点。
6. 了解国内外化妆用品，谈谈其区别。

第二章
化妆造型搭配

学习难度：★★★☆☆
重点概念：耳饰、项链、甜美型、时尚型

PPT课件，请用计算机阅读

章节导读

饰品能够为佩戴者增添自信和魅力，其神奇的衬托点缀作用不可低估，为女性的最爱。饰品搭配方式多种多样，包括不同的材质、形状、大小、颜色等，还包括与服装、脸型、风格、妆容的搭配。饰品还要与肤色相协调，皮肤黑的人，比较适合戴银色和白色的饰品，使人看起来很清雅。一千种搭配方式有一千种不同的风格，但如何选择最适合自己的还需要掌握多方面的知识（图2-1）。

图2-1　化妆造型搭配

第一节　饰品搭配

一、多样材质搭配

不同材质的饰品适合不同风格的妆容造型。饰品的设计也会对所适合的妆容造型有所影响，不过往往饰品的材质决定了饰品的基本设计感，所以主要还是应根据饰品的材质来考虑所适合的妆容造型风格。

1. 水钻类饰品

水钻类饰品主要用来搭配华丽大气的妆容造型。透明的亮钻不但可以用来搭配白纱妆容造型，也可以用来搭配晚礼妆容造型，原因是水钻可以折射出很多种色彩（图2-2）。像皇冠这种标志性比较明显的饰品主要用来搭配白纱妆容造型，彩钻饰品则可以搭配相应色彩的晚礼服（图2-3）。彩钻也可以用来搭配高贵华丽的古装造型。

2. 纱类饰品

造型所用的纱一般从质感软硬、网眼大小和颜色三方面进行区分。彩色的纱一般用来搭配晚礼造型，适合搭配色彩和质感比较柔和的礼服，同时适合搭配柔美的造型，不适合搭配过于高贵华丽的造型（图2-4）。造型纱以软硬适中为宜，太软不容易制造出层次感，太硬又会显得过于生硬。小网眼的纱适合用来做造型的轮廓，也可用于局部结构的大面积网纱；中网眼和大网眼的纱比较适合用来与其他饰品搭配在一起，增加造型层次感（图2-5）。

3. 羽毛类饰品

羽毛类饰品质感比较柔和，适合用于浪漫柔美的妆容造型，在白纱和晚礼妆容造型中都可以使用。羽毛可以制作成帽子等饰物，也可以分片点缀（图2-6）。羽毛类饰品和造型纱搭配在一起效果更加理想，因为造型纱质地柔和，两者搭配在一起会使妆容造型看上去更美。有些色彩艳丽、形状夸张的羽毛还可以用来打造妖冶妩媚的妆容造型（图2-7）。

图2-2 透明水钻发饰

图2-3 彩钻发箍

图2-4 短款网纱

图2-5 长款网纱

图2-6 分片点缀羽毛饰品

图2-7 羽毛饰品和造型纱搭配

4. 花材类饰品

花材类饰品搭配的妆容造型一般比较甜美，花意感的妆容造型大多也会用花材类饰品进行搭配。花材类饰品在使用的时候要注意点缀的位置和呈现的层次感，否则会显得凌乱，没有美感（图2-8）。花材类饰品一般不会与金属类饰品搭配在一起，可与造型纱相互搭配，能够增加造型的层次感（图2-9）。

5. 珍珠类饰品

珍珠类的质感比较柔和，能体现优雅、柔美的感觉。珍珠类饰品可以搭配比较唯美的妆容造型。珍珠链子可以装饰额头等位置，插珠可以用来点缀造型，珍珠和蕾丝搭配在一起效果也很好（图2-10）。珍珠类饰品在白纱、晚礼、特色服饰造型中都使用得到（图2-11）。

6. 金属类饰品

金属类饰品一般会搭配比较硬朗的妆容造型，不会搭配过于柔和的妆容造型。金属类饰品一般会设计成花朵等样式，或者搭配其他饰物进行装饰，如将铁丝造型后喷彩漆（图2-12）。在影楼中，金属类饰品一般会用于晚礼或者古装造型，在白纱造型中用得比较少（图2-13）。

图2-8 充满层次感的花材搭配

图2-9 甜美花材搭配

图2-10 珍珠链子装饰额头

图2-11 珍珠白纱造型

图2-12 花朵金属饰品

图2-13 古装造型

二、皇冠饰品搭配

皇冠饰品有多种类型及材质，根据造型的不同要区分使用（图2–14）。

（a）大号的皇冠在头顶位置端正地佩戴，搭配上盘式的造型更具有高贵感。一般皇冠会佩戴在顶发区造型的轮廓内

（b）彩色的蕾丝布艺皇冠使造型更加具有森女风格的浪漫柔美感觉

（c）造型别致的皇冠搭配高贵端庄的盘发造型，可提升造型的时尚美感

（d）皇冠可与造型纱、造型花、羽毛相互搭配，可冲淡皇冠的生硬感，使造型端庄并具有柔美感

（e）窄版的皇冠佩戴于后发区的位置，有像发箍一样的效果，衔接前后造型结构，并且使造型呈现简约端庄的美感

（f）皇冠有时可以起到衔接造型的作用，使造型的整体轮廓更加饱满

（g）一些后发区造型样式比较丰富的造型，佩戴好皇冠之后可以用插珠点缀，使整个造型更具有美感

（h）手工设计的布艺珍珠皇冠倾斜佩戴在一边，搭配纱质发带，呈现俏皮清新的美感

（i）超大号的皇冠端正地佩戴于头顶之上，搭配低位后盘式的造型，呈现女王般的高贵气质

图2-14　皇冠饰品搭配

图2-15　花材与饰品的搭配

图2-16　相互呼应的花朵

图2-17　遮盖造型的瑕疵位置

三、花材饰品搭配

花饰在造型中起到很重要的作用，在饰品中占有的比重很大。同样的花饰，有些人佩戴出来是一片杂乱，有些人佩戴出来可以用锦上添花来形容。正确的佩戴方式可以为造型增色，错误的佩戴方式会给人画蛇添足的感觉。在这里对花材佩戴方式作具体介绍（图2-15）。

1. 相互呼应的花朵佩戴方式

单独的花朵与大面积的花朵相互呼应，既突出重点又可以使造型两侧看上去相协调（图2-16）。

2. 遮盖性的花朵佩戴方式

用花朵遮盖造型的瑕疵位置，使造型更加完美（图2-17）。

3. 轮廓修饰的花朵佩戴方式

翻卷造型会让轮廓显得不够饱满，这时可以用造型花对不饱满的位置进行修饰，使造型呈现更加饱满的效果（图2-18）。

4. 束起式花朵佩戴方式

将花朵点缀在两个造型结构之间，制造用花朵扎起头发的视觉效果，让花朵的点缀合情合理（图2-19）。

5. 端庄感花朵佩戴方式

欧式宫廷的造型样式搭配端正的花朵佩戴，使造型在端庄之中透露出柔美感（图2-20）。

6. 花朵与造型波纹、打卷相互结合的佩戴方式

波纹或打卷成为造型主体的时候，可以用造型花进行细节点缀或穿插其中，这样既丰富了造型又突出了主题（图2-21）。

7. 流线型的花朵佩戴方式

使花朵形成流线的感觉，点缀在需要修饰的位置。比较适合选择小朵的、层次感比较好的花材（图2-22）。

8. 在顶发区点缀花朵的佩戴方式

在顶发区轮廓有规则地点缀花朵，衔接了前后发区之间的造型结构，并且使造型更具有层次感（图2-23）。

图2-18 对不饱满的位置进行修饰

图2-19 束起式花朵

图2-20 欧式宫廷的造型样式

图2-21 花朵与造型波纹相互结合

图2-22 流线型的花朵

图2-23 顶发区点缀花朵

9. 单侧点缀式花朵的佩戴方式

低位后盘式的造型，在一侧点缀造型花。一般这种造型花的点缀不会低于耳朵，这样做的目的是使造型具有左右平衡感（图2–24）。

10. 双侧点缀式花朵的佩戴方式

一般点缀在两侧相比较对称的造型上。造型花的点缀不必追求两侧的一致，略有差异会使造型更加生动（图2–25）。

11. 花朵与发丝层次穿插的佩戴方式

佩戴的花朵与发丝之间形成层次的穿插，这样的造型看起来更加生动，花朵不会显得生硬刻板（图2–26）。

12. 花朵作为主体的佩戴方式

花朵作为造型的主体，要形成自身的轮廓感，同时要与头发很好地相互结合在一起（图2–27）。

13. 花朵与网眼纱结合的佩戴方式

网眼纱有很好的透感，在与花朵搭配的时候两者相互穿插在一起，会使造型更具有空间感、层次感（图2–28）。

14. 用柔和的造型花点缀自然层次双侧造型的佩戴方式

在双侧点缀造型花的时候会有主次之分，有些造型花佩戴得相对集中，有些零星点缀即可（图2–29）。

图2–24 单侧点缀式花朵

图2–25 双侧点缀式花朵

图2–26 花朵与发丝层次穿插

图2–27 花朵作为主体

图2–28 花朵与网眼纱结合

图2–29 双侧点缀造型花

四、耳饰及项链搭配

1. 耳环

脸形是选择耳环的依据，耳环对脸形能起到一种平衡作用，佩戴得不适当往往会适得其反。椭圆形脸适合任何一种式样的耳环，但其他脸形便不同了。

（1）方下巴　适合长形或花枝状的耳环（图2–30）。

（2）三角形脸　适合圆形耳环（图2–31）。

（3）圆形脸　适合垂形耳环或长形耳环（图2–32）。

（4）长形脸　适合圆形耳环（图2–33）。

（5）方形脸　适合小型的耳钉或耳坠（图2–34）。

2. 项链

此处对项链与婚纱礼服的搭配进行说明。

（1）抹胸式婚纱礼服　因为抹胸式服装，胸部以上的部分裸露较多，一般对这种服装款式的搭配没有过多的要求，在搭配项链的时候更应该从脸形和妆容方面来考虑（图2–35）。

图2–30　方下巴

图2–31　三角形脸

图2–32　圆形脸

图2–33　长形脸

图2–34　方形脸

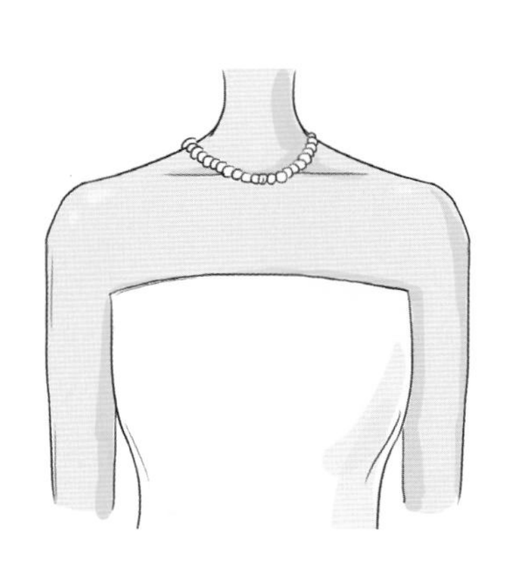

图2–35　抹胸式婚纱礼服

（2）一字领婚纱礼服　一字领服装不宜搭配下坠或过宽的项链，项链以短、细、精致为宜，否则看上去会有复杂、沉闷的感觉（图2-36）。

（3）V字领婚纱礼服　根据V字领的深度一般可搭配有下垂感的项链，但下垂度不要太深，否则会破坏服装的整体感觉，此外，不搭配项链也很常见（图2-37）。

（4）肩带式婚纱礼服　细肩带搭配项链的方式比较灵活，较宽的肩带不适合搭配过于粗重的项链，否则会显得复杂、沉闷（图2-38）。

（5）圆领式婚纱礼服　圆领式服装适合搭配呈尖角下垂的项链，这样可以使层次丰富起来（图2-39）。

（6）连袖、高领婚纱礼服　这类婚纱包裹的比较严，佩戴项链会显得繁琐，所以一般会选择佩戴款式简单的项链或者不佩戴项链（图2-40）。

- 补充要点 -

根据发型选择耳环

1．披肩长直发

适宜佩戴长链子之类的狭长型耳环，漂亮又夺目。

2．短发

可以佩戴扁圆形或菱形的耳环，和晶亮的耳钉，不宜用与发梢同长的耳环。

3．髻或盘发

不妨戴白色或有颜色的大型耳环，或吊附式耳环，看上去典雅又大方。

4．长辫式

宜戴悬坠式的钻石耳环。

5．不对称发型

戴一只大耳环，可起到平衡的效用，显得别具风味。

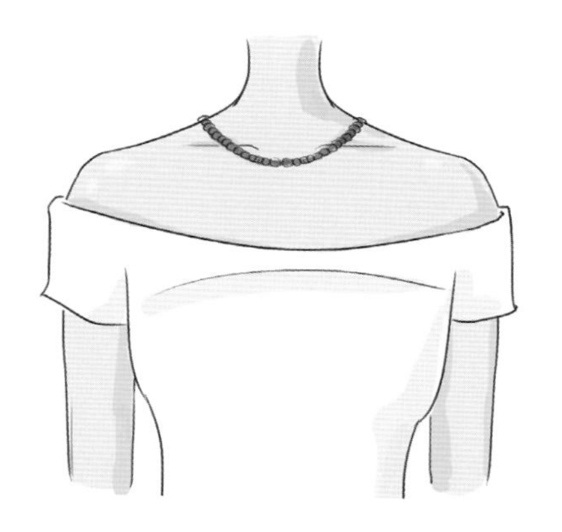

图2-36　一字领婚纱礼服

图2-37　V字领婚纱礼服

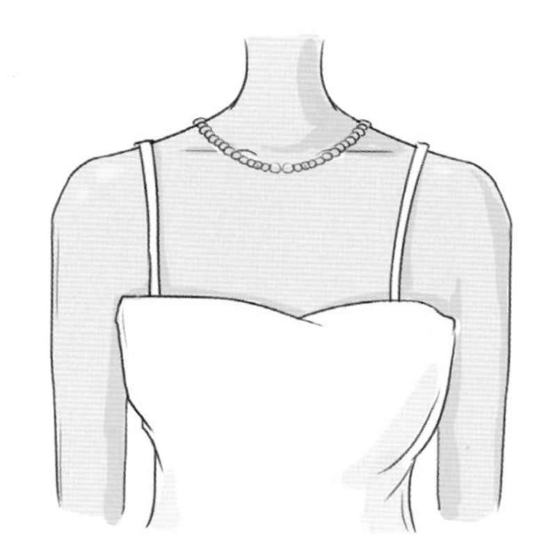

图2-38　肩带式婚纱礼服

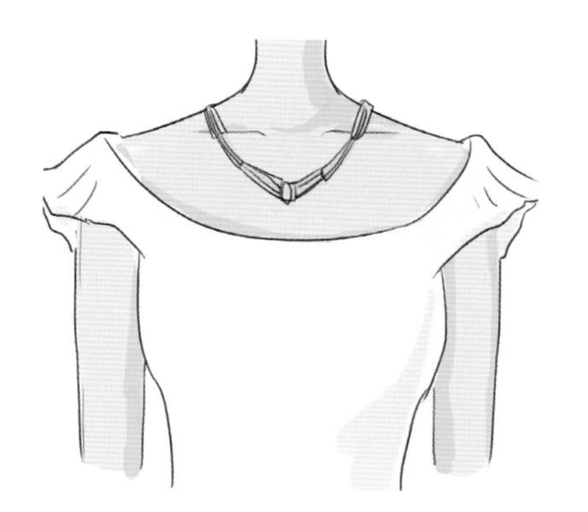

图2-39　圆领式婚纱礼服

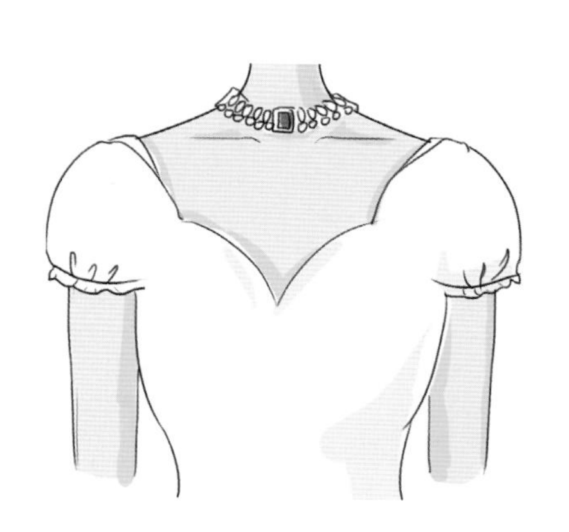

图2-40　连袖、高领婚纱礼服

第二节　妆容搭配

一、甜美型

这类气质的人通常有柔和的面部线条，没有过于尖锐的棱角感，肤色红润细腻，眼神清澈，眉形、眼尾都比较平和，没有过于上扬的感觉。适合粉色、浅玫红色、浅绿色、橘色、浅蓝色、浅金棕色、浅咖啡色等。

甜美型气质的人适合用柔和自然的色彩来搭配妆容。浅绿色、浅蓝色、橘色、浅金棕色等色彩作为眼妆的主色调都不会显得过于浓艳夸张，符合气质的需要（图2-41）。用浅咖啡色处理眉形会使其显得自然，适合妆容的整体感觉。以粉色、浅玫红色和橘色等色彩处理腮红或唇效果都很好（图2-42）。甜美型气质的人不适合饱和度过高或过于深暗的颜色。用饱和度过高的颜色会显得轻佻；用过于深暗的色彩会显得老气、脏乱，与气质不符。

二、优雅型

这种气质的人给人以睿智、安静的感觉，带有古典韵味。她们通常眼形偏细长，面部轮廓饱满但没有明显的棱角，眼神柔和并且带有一些空灵的感觉。适合紫色、金棕色、宝蓝色、正红色、暗红色、豆沙色等（图2-43）。

紫色眼妆能体现优雅浪漫的感觉，紫色分为亚光和珠光两种类型。相互结合在一起晕染会使眼妆的层次更丰富。金棕色和宝蓝色比较适合进行眼妆的

图2-41　柔和的面部线条

图2-42　柔和自然的色彩

图2-43　空灵的感觉

局部晕染，不适合做大面积的晕染。暗红色和正红色适合在优雅的古典妆容中使用，如对轮廓感唇形的处理。豆沙色可以单独或者适当调和红色进行腮红的晕染，在晕染紫色眼妆的时候，也可以搭配红润一些的腮红，但整体的色彩不能饱和度过高（图2-44）。优雅气质的人不适合用绿色、粉色、玫红色等鲜艳靓丽的色彩，会显得优雅不足，反而带有甜美或可爱的感觉，与气质不符。

三、冷艳型

冷艳型气质的人眉形比较挑，眼尾上扬，眼神有一些孤傲，五官比较立体，唇部的棱角感比较强，给人一种不好接近的感觉。适合紫色、咖啡色、墨绿色、黑色、灰色、银灰色、金棕色、棕橙色等（图2-45）。

根据所化妆容的不同，可以选择以上除棕橙色外的色彩作为眼妆的主色调（图2-46）。冷艳型气质的人不适合选择过暖、过艳丽的色彩来搭配妆容，否则会冲淡冷艳的气质，并且出现非常不协调的现象。

四、高贵型

高贵气质的人五官比较大气，眼尾微微上扬，眉骨比较明显，眉形微挑，三庭五眼标准，眼神中透露出成熟气息（图2-47）。适合宝蓝色、棕红色、玫红色、墨绿色、金棕色、豆沙色、暗红色等。

高贵气质的人适合选择深邃一些的色彩，这样会呈现出人物的格调感。用宝蓝色、棕红色、墨绿色这些色彩来处理眼妆会使其显得深邃，并且不会像黑色那么突兀、沉闷。金棕色是大地色眼妆的标准色，也同样适用于高贵气质的人使用。玫红色、暗红色可以用来处理以唇妆为重点的妆容使用。豆沙色适合作为腮红晕染（图2-48）。高贵气质的人不适合选择过于浅淡或者饱和度过高的色彩，这样的色彩会冲淡人物本身的高贵感，产生不协调的感觉。

图2-44　优雅的古典妆容

图2-45　唇部的棱角感

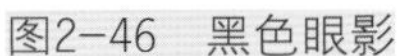
图2-46　黑色眼影

图2-47　眉形微挑

图2-48　暗红色的唇妆

- 补充要点 -

黑人化妆特征

现在很多美国开架彩妆都有自己的黑人专用化妆品牌，在挑选底妆用品的时候都是基于自身的皮肤颜色来选择的（图2-49）。

图2-49　黑人女性妆容

1．腮红

黑人女性在选择腮红时，常常会选择颜色非常艳丽的颜色，这个颜色在我们的肤色使用时也是很具挑战力的颜色，橘色腮红对于黑人女性用起来是一个非常出彩的选择。

2．眼妆

黑人所要突出的，就是把需要压暗的地方更暗，亮的地方提亮，突出其面部体力感和五官存在感，所以眼睛的塑造就非常重要，黑色眼线、小烟熏妆、睫毛浓重等，都是突出的好主意。还有色彩非常夸张艳丽的眼影，黑人很适用，眼影的选择在很大程度上要取决于眼球的颜色和整体肤色的深浅程度，黑人中很多混血，所以眼球颜色也会有偏黑、偏棕色等。不管多么靓丽的颜色都有适合的黑人和不适合的黑人，也有会使用的手法和不会使用的手法。

3．唇妆

唇妆是黑人的一个亮点，同时选择唇妆的变化也比选择眼妆的变化要保险一点、更加惊艳出彩。如果是小麦肤色，整体看起来协调的偏自身唇色、甚至只淡化唇纹涂透明妆打底唇彩，看起来亮亮的都是不错的，而正式一点偏红色等都是可以的选择。如果肤色较深的黑人，更夸张的粉色和大红色更为有个性一些。

课后练习

1. 简述各种脸型与耳饰的搭配。
2. 简述各种脸型与项链的搭配。
3. 皇冠饰品有哪些佩戴方式?
4. 课后查阅相关知识，简述新娘造型中不同种类的头纱的佩戴方式。
5. 影楼化妆造型中还有哪些饰品搭配?
6. 除文中所述的几种气质外，还有哪些符合气质的化妆色彩搭配？举两例说明。

PPT课件，
请用计算机阅读

第三章
化妆造型方法

学习难度：★★★★☆
重点概念：底妆、眼妆、唇妆、眉妆工具

章节导读

化妆的种类有很多，在不同的场合就应该化不同的妆容。化妆有基础化妆和重点化妆，基础妆有清洁、滋润、收敛、打底与扑粉等，具有护肤的作用。重点化妆是指眼、睫、眉、颊、唇等器官的细部化妆，包括加眼影、画眼线、刷睫毛、涂鼻影、擦胭脂与抹唇膏等，能增加容颜的秀丽并呈立体感，可随不同场合来变化（图3-1）。

图3-1　眼部妆容

第一节　化妆基础知识

一、比例适当

在传统意义上，“三庭五眼”是评价一个人的五官是否标准的基本概念。有的人五官单独看很漂亮，合在一起就不那么耐看了；而有的人五官长得一般，合在一起却很耐看，很有气质。这往往取决于五官比例合理与否。从侧面的轮廓上讲，高低起伏的错落感才能使五官的曲线更优美。额头、鼻尖、唇珠、下巴尖都是应该微微高起的地方；而鼻额的交界处，鼻下人中沟、唇与下巴的交界处都应该是较深的地方。

综合了以上这些要素，五官比例基本趋于标准。不过眼睛、脸形等因素也至关重要，每一个细节的差距都会改变结果。要更深层次地去剖析这些细节，通过矫正化妆的手法去弥补这些不足。对面部骨骼和肌肉的了解有助于更好地了解面部的立体构成，从而通过各种化妆手法完善妆容。

人的面部正面纵向分为上庭、中庭、下庭。它们之间的比例关系是1：1：1时，三庭的比例是标准的。人的面积正面横向以一只眼睛的长度为单位形成“五眼”。如果两眼之间的距离刚好等于一只眼睛的长度，外眼角至鬓侧发际线的距离也刚好等于一只眼睛的长度，在横向形成1：1：1：1：1的比例，就达到了标准比例。仅仅达到三庭五眼的标准还不够，侧面的轮廓同样对一个人的五官效果起到至关重要的作用。三庭五眼仅仅是从平面的感觉上去评定五官标准与否，而侧面轮廓清晰明了，人的五官才立体（图3-2）。

二、色彩和谐

在化妆时，色彩选择得当，设计出的妆面会令人赏心悦目；如果色彩运用不当，就会使妆容极不协调，缺少美感。

1. 妆容色彩要与个人的内在气质相吻合

每个人的气质特点各不相同，有的人是清纯可爱型，有的人是高贵优雅型，也有人是冷艳妖媚型等。如果是清纯可爱的女孩，要选择粉色系列的化妆色彩，忌浓妆和对比强烈的色彩（图3-3）。

2. 妆容色彩要与个人的年龄相吻合

年龄较小的女孩可尽量用淡色，如粉红色系口红。年龄稍大的女孩可用较深或较鲜艳的色彩，因为深色及鲜艳的色彩会给人醒目的感觉，看起来也较成熟（图3-4）。

3. 妆容色彩要与个人的肤色相吻合

（1）粉底的选择。以下颌与颈部连接的部位的肤色来试粉底的颜色，最好选择与肤色一致或比肤色浅一度的颜色，千万别选择与肤色差异较大的颜色（图3-5）。

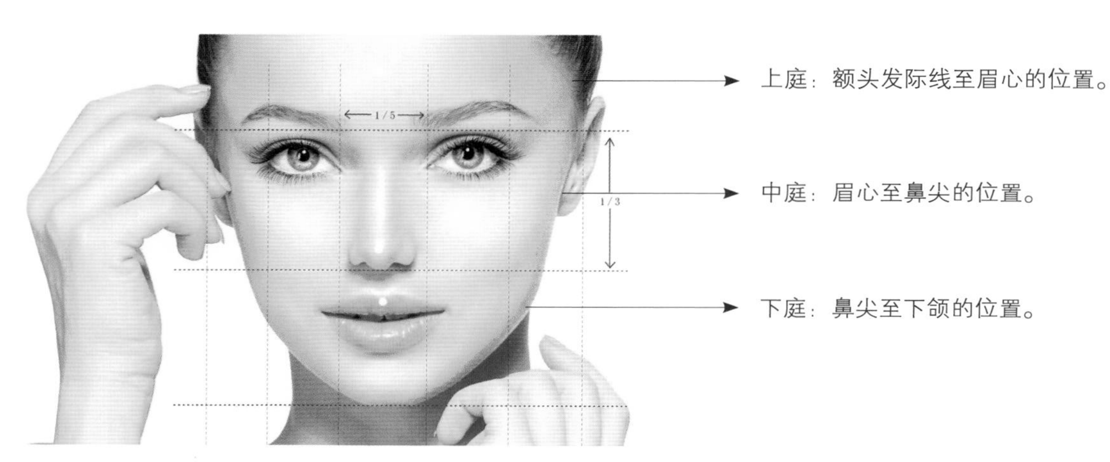

图3-2　三庭五眼示例图

图3-3　清纯可爱型

图3-4　成熟风妆容

图3-5　粉底色号

（2）腮红的选择。对于肤色较白的人，可以选择粉红色系列；而肤色较深的人，应选择咖啡色系列，使肤色看起来更健康（图3-6）。

（3）口红的选择。口红与肤色的搭配也有学问。肤色较白的人，任何颜色的口红皆可用。皮肤较黑的人，不可涂浅色或含珠光的口红，因为浅色口红会与肤色形成对比，使肤色显得更为黯淡。皮肤较黑的人必须特别注意口红色彩的选择，避免用黄、粉红、银色口红，可涂暖色系的、偏暗红色或咖啡色系的口红，能将皮肤衬托得较白且协调（图3-7）

4．妆容色彩应与服饰的颜色协调

（1）穿着浅色系列的服装，在化妆时色彩应该素雅，与服装的颜色一致（图3-8）。

（2）穿着单一色彩的深色服装，可选择对比色系的彩妆搭配。如着绿色或蓝色服装，可选择大红色、橙色来搭配（图3-9）。

（3）穿着黑、灰、白颜色的服装，可选择较鲜艳、较深、无珠光的彩妆来搭配（图3-10）。

（4）穿着有花纹图案的衣服时，如果图案的主要色彩是红色，可选择同色系但深浅不同的彩妆来搭配（图3-11）。

图3-6　腮红色号

图3-7　口红色号

图3-8　浅色服装

图3-9　深色服装

图3-10　黑色服装

图3-11　花纹图案衣服

三、适应脸形的化妆方法

脸形的轮廓感非常重要，但并非每个人都能拥有完美、标准的脸形。改变脸形的方式有很多，有些人通过医疗手段来改善脸形，例如磨骨、注射肉毒素、去脂肪垫等。这些手段虽然有很大的改善效果，但也伴有风险。有些问题其实可以通过化妆来矫正。

浅色在视觉上有膨胀的感觉，深色在视觉上有收缩的感觉，这也就是为什么穿浅色的衣服会比穿深色的衣服显得胖。可以根据这一原理，利用暗影膏和浅色粉底对脸形进行矫正。通常有两种方法来分析脸形。一种是通过汉字的形式来分析脸形，分别是甲、田、申、由、目、国、用、风，每一个汉字代表一种脸形。另外一种更加形象的方法是利用脸形的轮廓感进行更具体的分析。下面来认识一下各种脸形及其矫正的方法。

1. 鹅蛋形脸

鹅蛋形脸是标准的东方美人脸形，又称椭圆形脸。该脸形饱满圆润，并且不会显大，基本上不需要对该脸形进行矫正（图3–12）。

2. 瓜子形脸

瓜子形脸较瘦小，上宽下窄，是近些年来受欢迎的一种脸形。缺点是额头位置比较秃，如果有这种情况，需要用暗影膏适当修饰（图3–13）。

3. 菱形脸

菱形脸又称钻石形脸，上下窄，中间宽。矫正时，比较宽的位置用暗影膏收缩，比较窄的位置用浅于粉底基础色的粉底膏提高（图3–14）。

4. 由字形脸

这种脸形上窄下宽。矫正时要用浅色粉底对比较窄的位置提亮，用暗影膏对比较突出的位置进行收缩处理，尽量使脸形比较平衡（图3–15）。

5. 长形脸

长形脸横向较窄，需要适当用暗影膏修饰额头及下巴。眉形要平缓，腮红要横向上晕染，这样会使脸形看上去有缩短的感觉（图3–16）。

6. 圆形脸

圆形脸又称娃娃脸，比较可爱，同时会显得不成熟。修饰时要适当，不要过分强调立体感，否则会与人物的气质发生冲突（图3–17）。

7. 国字形脸

这种脸形的下颌角突出，男性化特征明显，显得硬朗，女人有这种脸形会失去柔美感。在化妆时需用暗影膏修饰过于突出的下颌角，以削弱视觉上的棱角感（图3–18）。

8. 梨形脸

这种脸形上部偏窄，下部偏宽，同时伴随着不对称，轮廓不清晰。矫正时要用暗影膏与提亮粉底相互结合的手法进行收缩和提亮处理，使其对称且具有轮廓感（图3–19）。

图3–12　鹅蛋形脸

图3–13　瓜子形脸

图3–14　菱形脸

图3–15　由字形脸

图3-16 长形脸

图3-17 圆形脸

图3-18 国字形脸

图3-19 梨形脸

四、妆容基本流程

在完成一款出色的妆容之前，首先要了解打造妆容的先后顺序。一般在开始正式化妆之前，要清洁好皮肤，做好水、乳、霜的妆前护理工作，并且修理好眉毛。接下来开始正式的化妆程序。

1. 打粉底

打粉底的作用是让肤色均匀，以便更好地上妆（图3-20）。

2. 高光暗影修饰

用提亮粉修饰上眼睑、T字区、V字区等位置，使其与暗影粉相互结合，从而使妆容更加立体（图3-21）。

3. 定妆

一般用蜜粉或定妆粉定妆，就像涂上了一层保护膜，之后才能在其基础上使用粉质的彩妆产品，否则粉质彩妆产品在油腻的底妆上不易晕染开。定妆一定要注意眼周、鼻窝这些位置，这些死角很容易定妆不到位（图3-22）。

4. 画眼线

描画上眼线一般会选择眼线笔、水溶眼线粉、眼线膏等材质的产品。每一种产品都有自己的特点，可根据妆容需要进行选择。上眼线一般以流畅的效果为好。下眼线一般会根据妆容需要分为1/3眼线、2/3眼线和全框式眼线几种形式（图3-23）。

图3-20 打粉底

图3-21 高光暗影修饰

5. 画眼影

在晕染上眼影的时候，要注意及时清理掉落在妆容上的浮粉，否则容易使妆容变脏（图3-24）。

6. 刷睫毛膏

在刷睫毛膏之前首先要夹翘睫毛，然后涂刷睫毛膏，使睫毛自然向上卷翘。有些妆容需要粘贴假睫毛，但不等于可以忽略真睫毛。真假睫毛要在侧面观察的时候融为一体，呈向上自然卷翘的状态。用睫毛胶水将真假睫毛粘贴在一起的方式不可取（图3-25）。

7. 描画眉形

描画眉形的时候要控制好角度，可以目测好起始位置，注意两边的眉毛要相对一致（图3-26）。

8. 描画唇部

唇部一般会选择唇蜜或者唇膏涂抹。在描画唇部的时候要先做好唇部的滋润，以免有死皮现象（图3-27）。

9. 晕染腮红

腮红的晕染主要起到调和肤色、使整个妆容协调的作用。如果是一款以腮红为重点的妆容，也可以先晕染腮红，后描画唇部（图3-28）。

图3-22 蜜粉定妆

图3-23 画眼线

图3-24 画眼影

图3-25 刷睫毛膏

图3-26 描画眉形

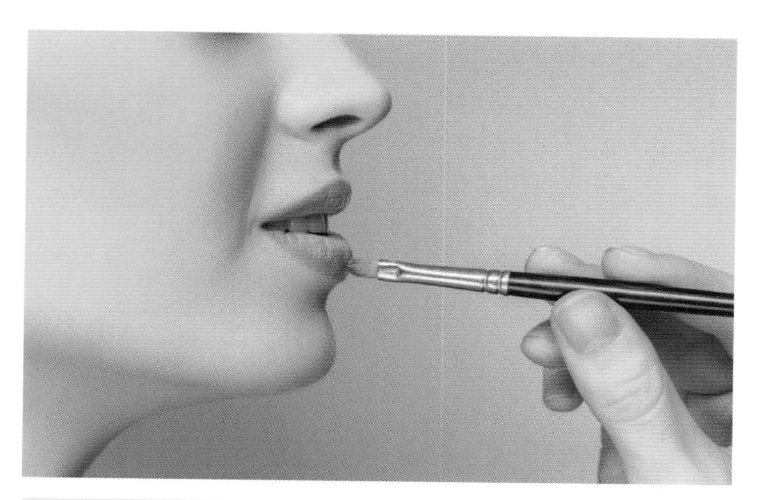

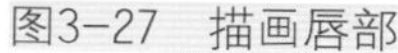

图3-27 描画唇部

图3-28 晕染腮红

- 补充要点 -

卧蚕眼

卧蚕眼是我们中国人用来形容眼的名称，相当贴切生动，形容紧邻睫毛下缘一条4～7毫米带状隆起物，看来好像一条蚕宝宝横卧在下睫毛的边缘，笑起来才明显。卧蚕眼和酒窝一样，在人群中出现频率很高，但有的人明显，有的人不明显。也有很多人误以为卧蚕是眼袋。

卧蚕是天生的，但有越来越多的爱美女孩子或者女明星会通过胶原蛋白填充、注射玻尿酸或者卧蚕再造术等方式拥有靓丽的卧蚕。

第二节　面部底妆

在化妆中，做好妆前护理工作后，接下来的一步就是打粉底。而打粉底也是化妆中非常重要的一个环节。就像画家准备作画之前要选择一张干净的画纸一样，只有这样才能在画纸上展现自己的绘画技艺。假设在一张色彩杂乱的画纸上作画，再高超的技艺也无法得到发挥。而化妆也是如此，只是这张“画纸”需要我们通过自己的技术创造出来。

人的皮肤或多或少都会有一些瑕疵，如痘印、色斑等，这些瑕疵需要通过打粉底的方式进行遮盖，这样肤色才能均匀，妆面才能干净。打粉底除了能够使肤色协调，运用立体打底的方式还可以让妆容更加立体、精致。拥有一个完美的底妆，妆容就成功了一大半。

一、工具用品

1. 粉底膏

粉底膏的优点是遮瑕效果比较好，缺点是处理不好就会显得比较厚重。不同品牌的粉底膏的品质也存在很大差别。粉底膏的细腻程度对妆面的质感影响很大（图3-29）。

2. 粉底液

相对于粉底膏来说，粉底液更加细腻、轻薄。粉底液可以更好地贴合皮肤，表现出清透的皮肤质感（图3-30）。

3. BB霜

很多人用BB霜代替粉底液，BB霜的质感介于粉底膏与粉底液之间。很多品牌的BB霜会使皮肤显得发灰，所以需要仔细挑选（图3-31）。

4. 海绵

海绵用来上粉底。一般有圆形、三角形和圆柱（圆锥）形。圆形海绵的特点是质地稍硬，面积大，适合在额头和两颊的位置大面积打底（图3-32）。而其他两种质地要细致些，适合在眼角、鼻翼和嘴角等局部打底。使用不同形状的海绵打底可以使得底妆更加细致（图3-33）。

5. 粉底刷

粉底刷是用来帮助粉底上妆的，也可用于散粉定妆，刷子大小不一，材质多样（图3-34）。

6. 粉扑

常用的有圆形粉扑和蜜粉刷。圆形粉扑也有很多大小区分（图3-35）。大粉扑适合大面积使用，小粉扑适用于局部补妆。而蜜粉刷是圆柱形大刷子，是化妆刷中最大的，沾取蜜粉轻扫于脸上能把粉末均匀扫上脸，效果比较自然（图3-36）。

二、涂抹方式

1. 涂抹工具

手指和面部皮肤具有同样的温度，能使粉底与皮肤很好的贴合，能在用少量粉底液的情况下将整个面部的底妆处理的自然通透。但用手涂抹粉底时，要求手指的纹路细腻，没有粗糙感。

用粉底刷处理粉底液是目前最常用的一种方法。缺点是如果手法不够熟练，容易涂抹得过厚，或者产生衔接不均匀的纹路。粉扑涂抹一般会选择密度高的湿粉扑来处理粉底液，因为密度低的粉扑很容易

图3-29 粉底膏

图3-30 粉底液

图3-31 BB霜

图3-32 美妆蛋

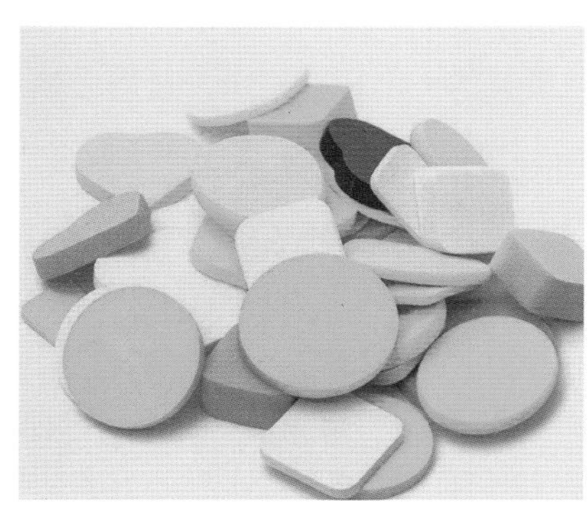

图3-33 各种形状的海绵

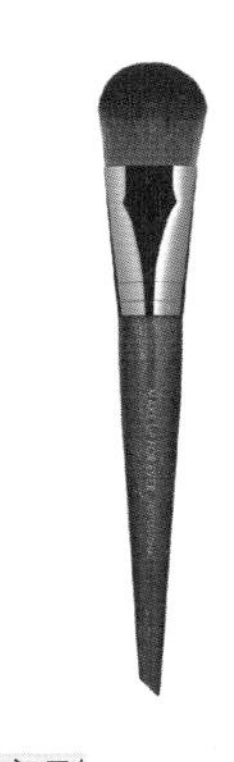

图3-34 粉底刷

浪费粉底液，而且均匀程度很难控制。

2. 粉底液打底过程

在涂刷粉底液之前，要做好面部的清洁保湿工作。用洗面奶清洁肌肤，然后拍化妆水保持肌肤湿润。最后可涂适量乳液使面部更加滋润，或者敷一片具有保湿功效的面膜，好的底子让化妆的效果更加完美（图3-37）。

图3-35　圆形粉扑

图3-36　蜜粉刷

（a）用粉底刷蘸取粉底液，在面颊涂抹。可以斜向下或顺着肌肉的走向涂抹

（b）上眼睑位置的粉底液不要涂抹得过厚，靠近睫毛根部的位置要顾及

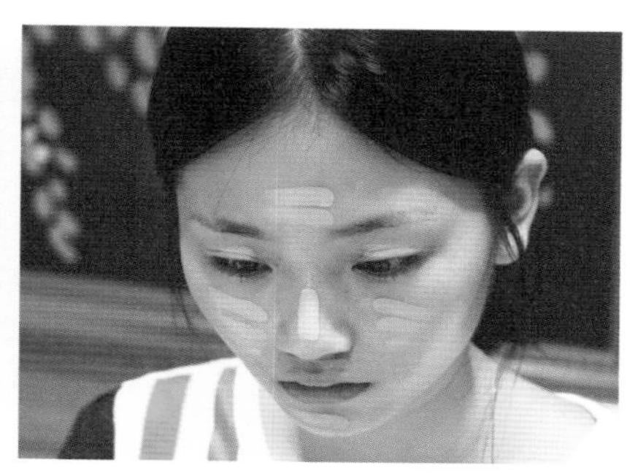

（c）大面积打完面部第一层粉底之后，要将有痕迹的地方清理均匀

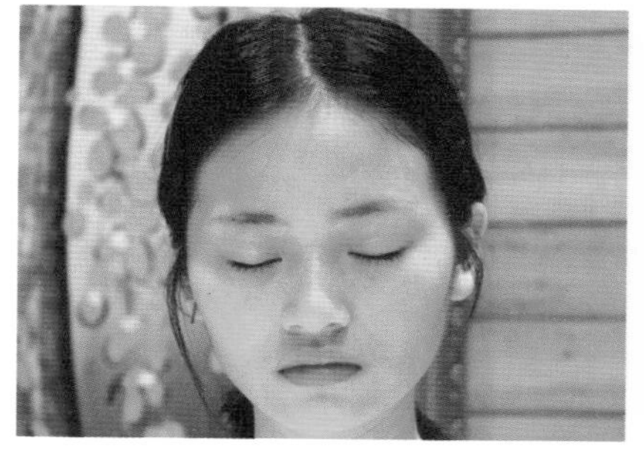

（d）粉底完成

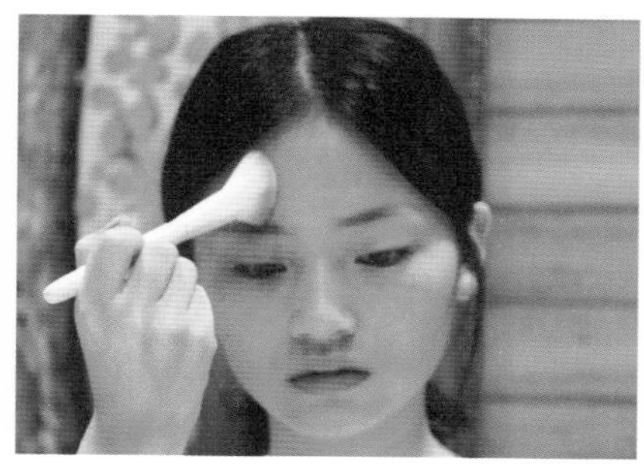

（e）在额头及脸颊侧面扫高光粉

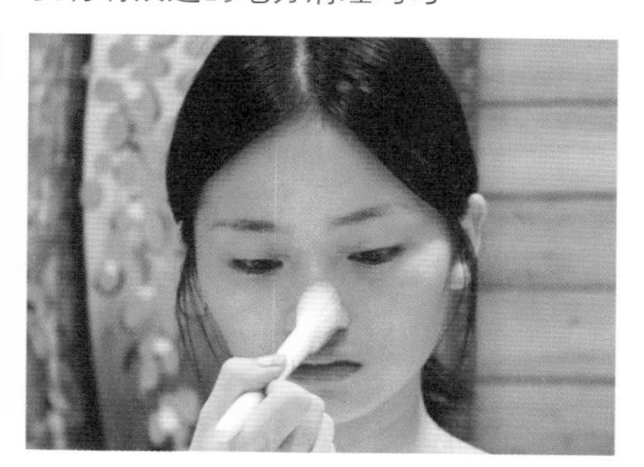

（f）T字区和下巴用高光粉提亮

（g）两侧颧骨下方及鼻侧扫暗影粉

（h）用蜜粉刷进行定妆，使整个妆容清透自然

（i）底妆完成

图3-37　粉底液打底过程

如何选择合适的粉底

1．选择适合肤色的粉底颜色

过浅的粉底打在脸上，叠合本身的肤色很容易使皮肤发青，好像带有病态；过深的粉底又会使肤色显得暗沉。如果想让肤色自然、白嫩，可以选择比肤色浅一号的粉底。

2．根据自己想表现的质感来选择粉底

如果面部瑕疵比较多，可以选择粉底膏来做基础的底妆；如果想体现自然通透的感觉，可以选择粉底液来作底妆；如果只想调整肤色，可以选择适合个人肤色的BB霜。

第三节　眼眉妆容

一、眼线用品

1．眼线笔

眼线笔是描画眼线的基本工具。眼线笔的铅芯一般不会太硬，因为眼部皮肤很脆弱，太硬的眼线笔容易将其弄伤。眼线笔最基本的色彩是黑色，也有棕色等色彩的眼线笔，可根据不同的妆容需要来选择。眼线笔一般分为撕线式、刀削式、扭转式几种（图3–38）。

2．水溶眼线粉

水溶眼线粉搭配眼线刷使用，在描画的时候需要蘸取适量的水。水溶眼线粉的优点是描画出来的线条流畅，色彩比较实；缺点是不容易控制，而且有些位置难以用水溶眼线粉处理，如下眼线、内眼线等位置（图3–39）。

3．眼线膏

眼线膏与水溶性眼线粉一样，需要搭配眼线刷描画，不同的是眼线膏不需要用水。眼线膏有一定的油性成分，很容易上色，同时也很容易晕妆。内双的眼睛就不大适合用眼线膏描画（图3–40）。

4．眼线液

眼线液很容易描画，不过质量不好的眼线液容易反光、开裂。使用眼线液描画眼线，要求化妆师手法精准，因为修改起来比较困难（图3–41）。

5．眼线刷

搭配水溶眼线粉或眼线膏使用，搭配水溶眼线粉的眼线刷以细长为好；搭配眼线膏的眼线刷可以短平一些（图3–42）。

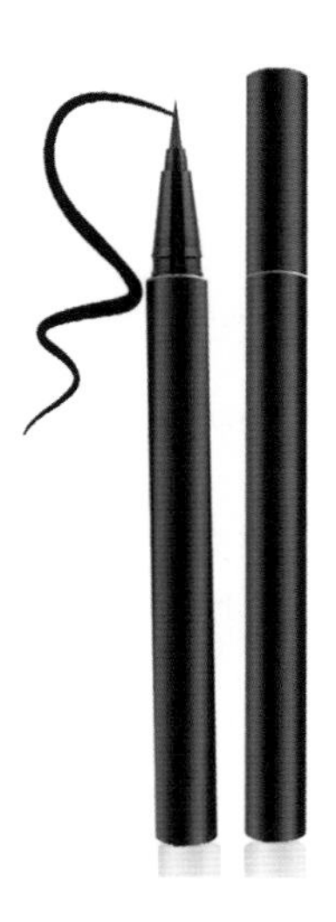

图3–38　眼线笔

二、双眼皮贴

现在化妆品市场上美目贴的种类多样，有不同尺度、材质、颜色等，也有需要自己剪的和直接撕下来用的（图3-43）。还有双面的、纤维条、甚至双眼皮霜等，可根据自身眼睛的需要购买（图3-44、图3-45）。

不同形状的眼睛有不同的贴法，多尝试几次就能找到适合自己的方法。另外，在卸双眼皮贴的时候，一定不要拉扯，可用卸妆水卸掉，否则容易造成眼皮松弛，使眼皮耷拉无神（图3-46）。

三、眼线

因为妆面的要求不同，所以无法用一个基本的概念去概括眼线的美学标准。不过，以基本的大众审美观点来看，以睁开眼睛的时候刚好可以露出一条窄窄的、流畅的线条为美。太窄的眼线，睁开眼睛时不能显露出来，画上去也没有意义；太宽的眼线又会显得妆容过于浓重。下面简单介绍几种风格的眼线画法。

1. 上扬式眼线

上扬式眼线是指上眼线的眼尾上扬。描画这种类型的眼线会使眼妆显得比较妩媚。在描画时，一般越靠近后眼尾位置就越宽；在描画到自内眼角到外眼

图3-39　水溶眼线粉

图3-40　眼线膏

图3-41　眼线液

图3-42　眼线刷

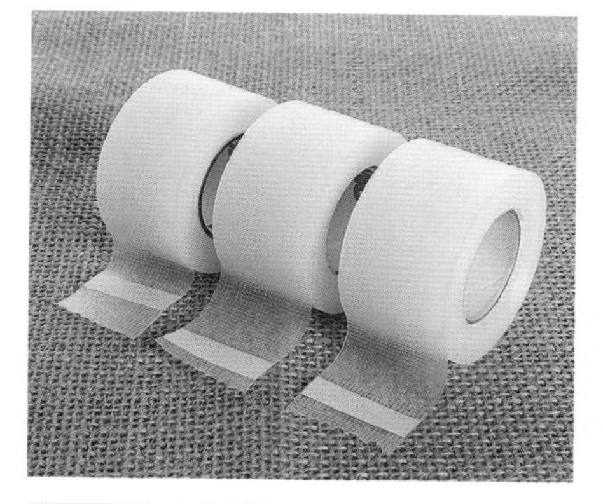

图3-43　双眼皮胶带

图3-44　双眼皮贴

图3-45　纤维条

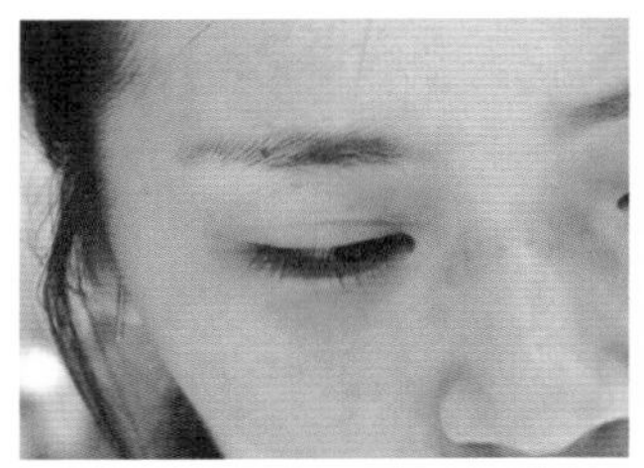
（a）首先将皮肤清理干净，在贴双眼皮贴之前，先将眼睛闭上。这时可看见一条双眼皮褶子线

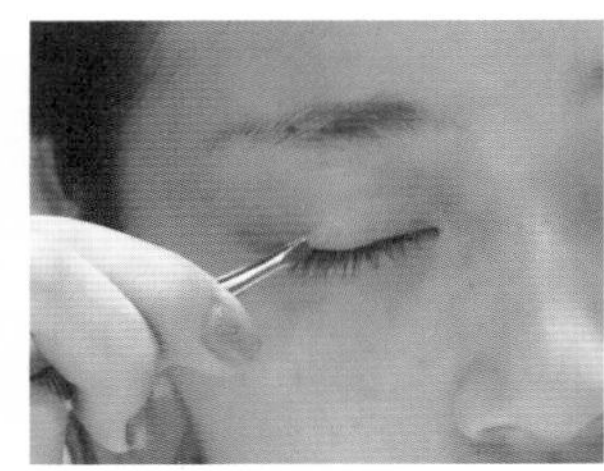
（b）用镊子夹着双眼皮贴，将双眼皮贴贴在褶子上

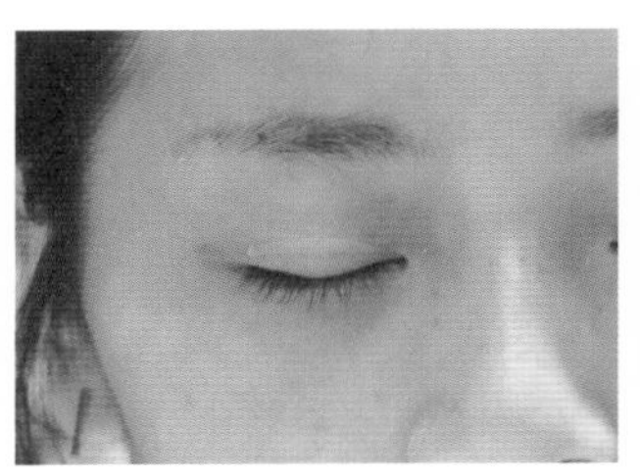
（c）双眼皮贴完成

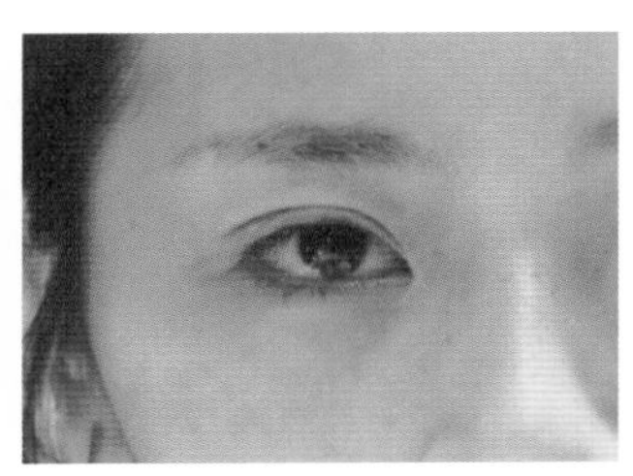
（d）睁眼效果

图3-46 双眼皮贴基本方法

角2/3或3/4的位置，就要使眼线慢慢呈上扬趋势，否则眼线的弧度就不够漂亮（图3-47）。

2. 平缓式眼线

平缓式眼线是指上眼线的眼尾既不上扬也不下垂，而是呈平缓的状态。一般描画这种眼线的眼妆看上去比较自然，在表现清纯感的妆容中用得比较多。其缺点是对眼形的改变不大，适合形状比较好的眼睛（图3-48）。

3. 下垂式眼线

下垂式眼线是指上眼线的眼尾下垂。下垂式眼线会给人病态、不够有活力的感觉，但也能塑造出无辜、可怜的感觉。“无辜妆”就是利用了下垂式眼线的这个特点（图3-49）。

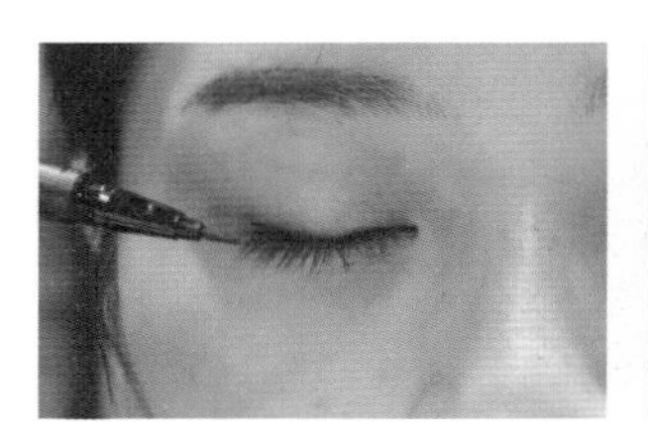
（a）用眼线笔从前至后描画一条眼线

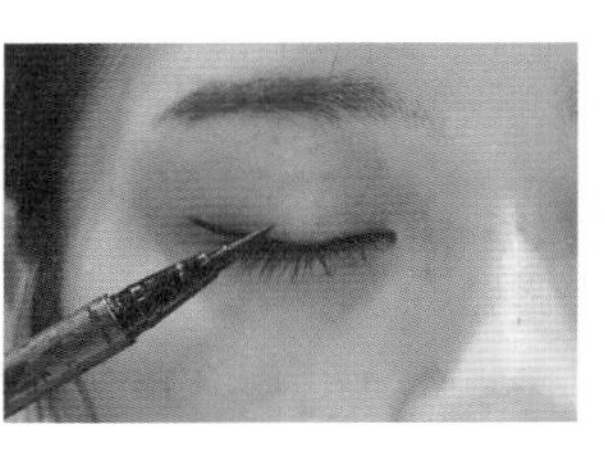
（b）在靠近后眼尾的位置使眼线逐渐上扬。收尾要自然，不可戛然而止

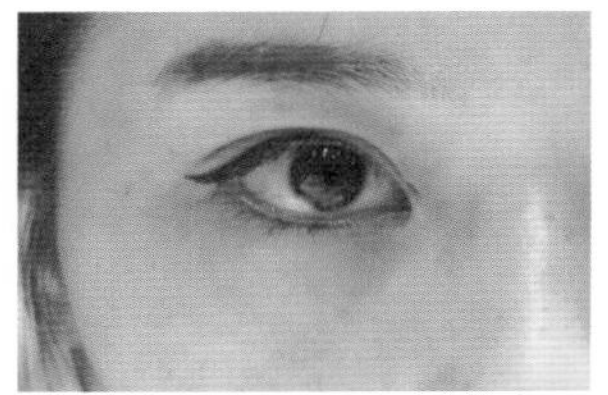
（c）眼线完成

图3-47 上扬式眼线

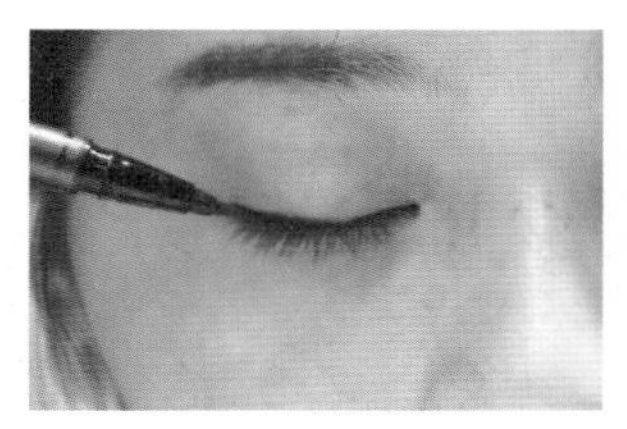
（a）紧贴睫毛根部画一条眼线

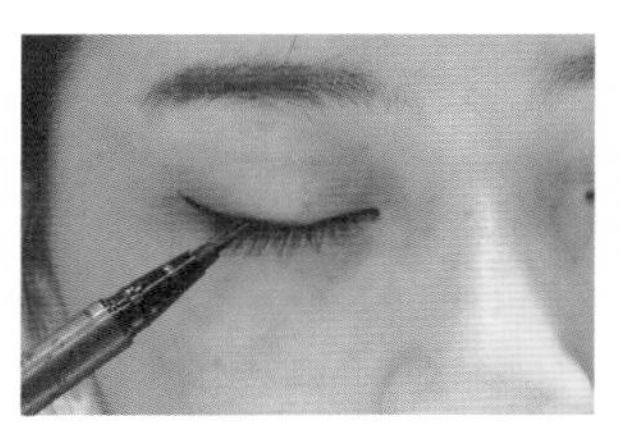
（b）眼尾的弧度要自然，以睁开眼睛能露出一条自然流畅的弧线为最佳

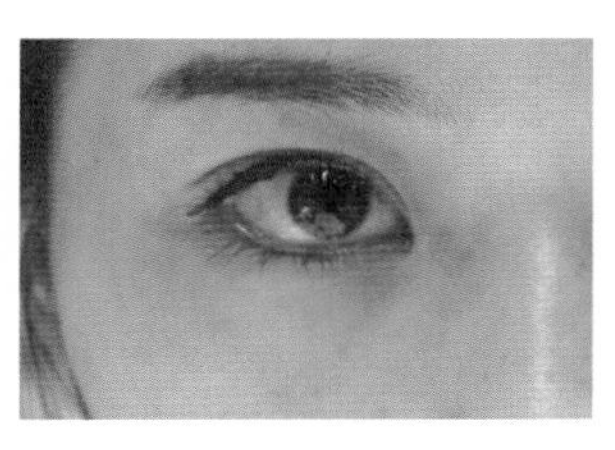
（c）眼线完成

图3-48 平缓式眼线

4. 半拱式眼线

半拱式眼线是指中间宽、两头窄的眼线。这种眼线会使眼睛显得比较大、比较圆，适合用于可爱感觉的眼妆，如可爱芭比妆（图3-50）。

5. 全框式眼线

全框式眼线是指下眼线的描画填满整个下眼睑，一般这种眼线用在比较时尚的妆容中，在新娘妆中可以用于时尚晚礼妆（图3-51）。

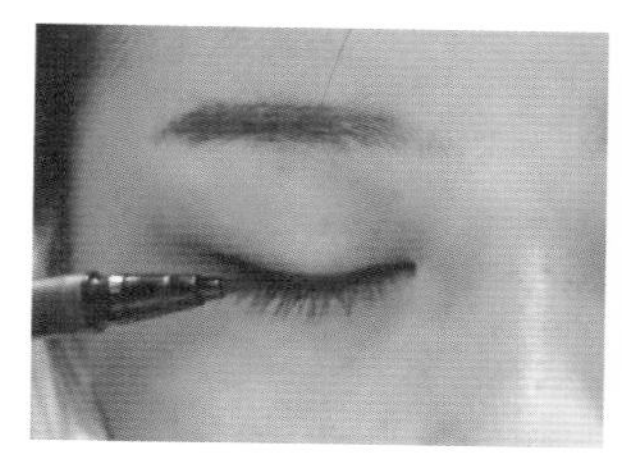

（a）描画上眼线，眼尾呈下垂状态

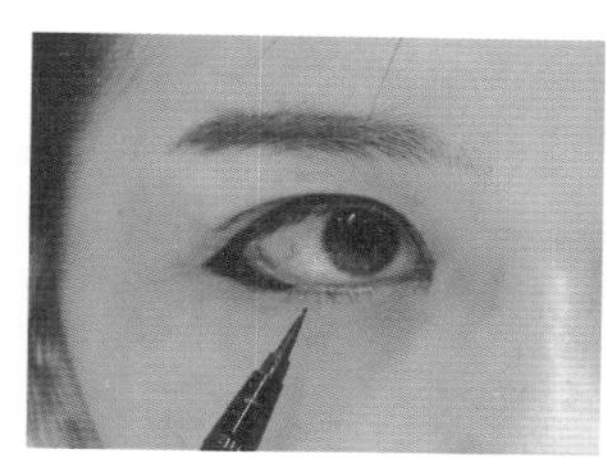

（b）描画下眼线，与上眼线衔接，拉平眼形，使整个眼睛呈现微微下垂的感觉

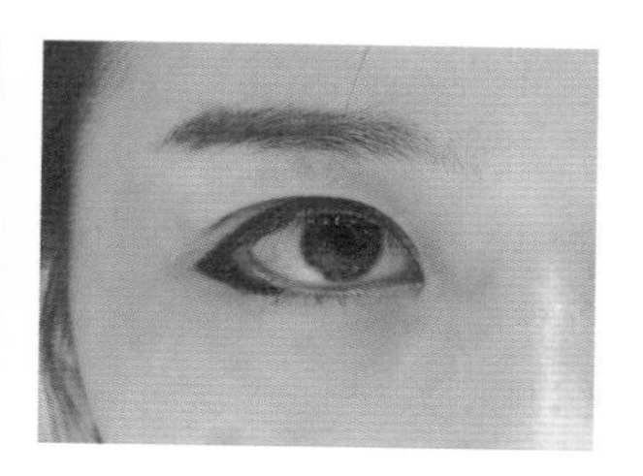

（c）眼线完成

图3-49　下垂式眼线

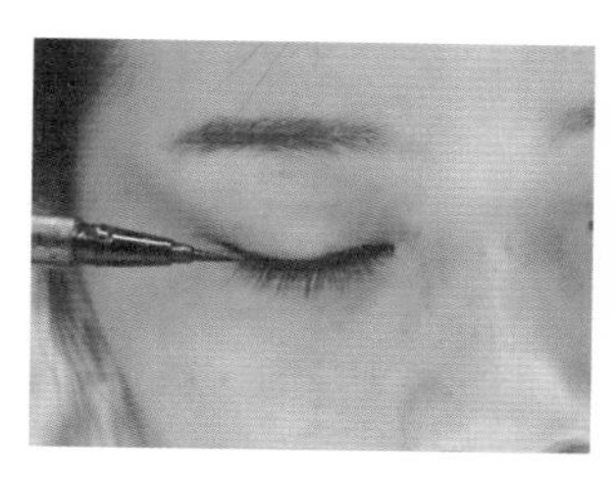

（a）从内眼角开始向外眼角的方向描画一条眼线

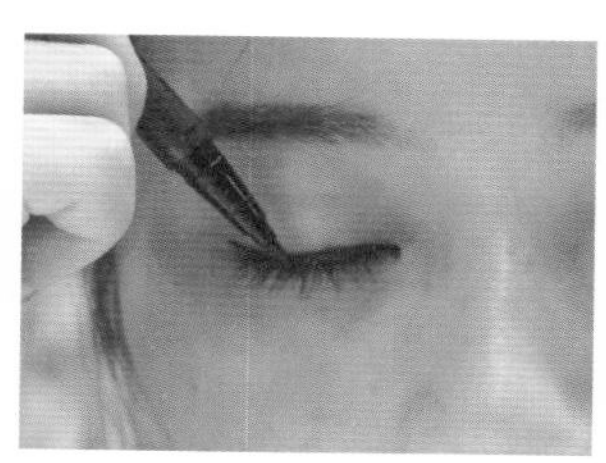

（b）在眼球中轴线上方的位置拱起，向两边过渡。眼尾的描画不要过于上扬

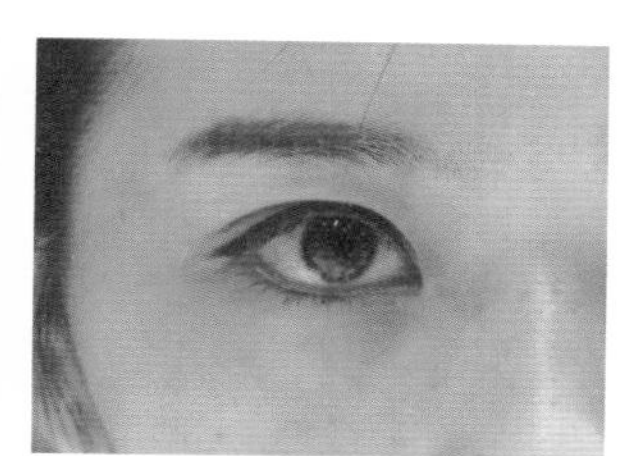

（c）眼线完成

图3-50　半拱式眼线

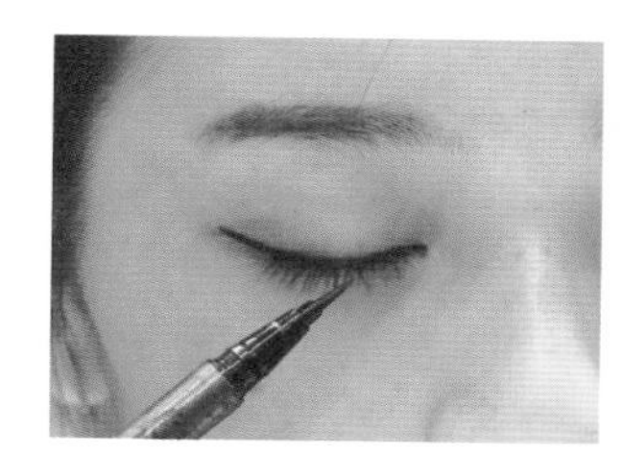

（a）在上眼睑描画一条眼线。眼线可以适当宽一些，收尾的角度应比较锐利

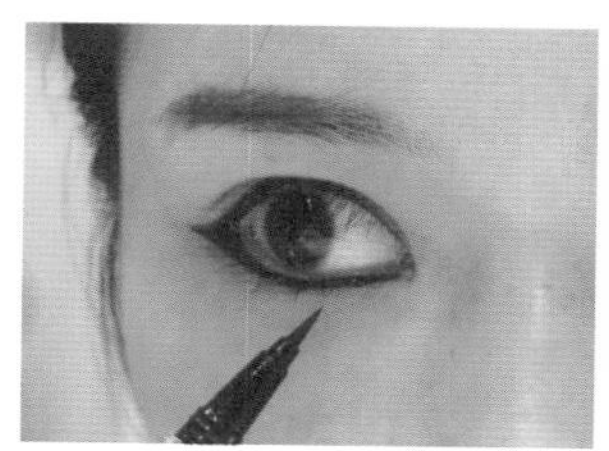

（b）紧贴下眼睑描画眼线，与上眼睑的眼线衔接在一起，眼尾上扬。在下眼睑的眶隔上轻轻地用眼线笔描画

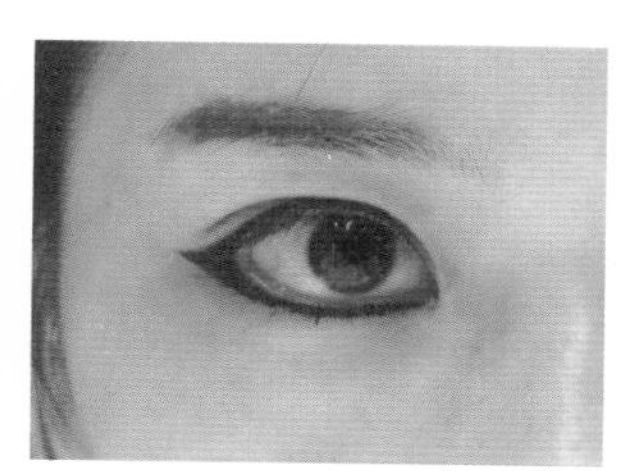

（c）眼线完成

图3-51　全框式眼线

四、睫毛

1. 日常睫毛涂法

涂睫毛膏能弥补睫毛稀短的缺憾，使睫毛显得浓密，纤长，突出眼部神韵。睫毛膏有多种颜色，黑色最为常用，其他颜色只适用于特殊效果的化妆。无论哪种颜色的睫毛膏，使用时都要和眼影的颜色相协调。涂睫毛膏以保持睫毛一根根自然状态，不粘连在一起为原则。下面简单介绍一下睫毛的涂法（图3-52）。

2. 假睫毛佩戴

假睫毛的种类有很多。按作工分为手工睫毛、半手工睫毛、机制睫毛。按用途分为布娃娃睫毛、影视睫毛、仿真睫毛、节日睫毛，日常睫毛。按材质主要分为纤维睫毛、真人发睫毛、动物毛睫毛、羽毛睫毛、金属炫彩睫毛、纸睫毛。按款式分为夸张、日用、工业用（图3-53、图3-54、图3-55）。

普通假睫毛都是用棉线把一根根睫毛丝串成一条，做成流线型的，化妆时根据个人手法和爱好，可以做适当修剪，再用睫毛胶粘贴在眼睛上。如今还流行嫁接睫毛，一根一根的粘上去，比较逼真，而且还省去了每天粘贴的麻烦。对于日常淡妆来说，一般选择软细梗的自然假睫毛，不仅佩戴舒服，而且很隐形。

（1）常规佩戴法　先用三段式夹法把睫毛夹出弧度，以免和假睫毛的弧度不能融合。夹不到的细节部分可以用小型局部专用睫毛夹。用镊子小心取出假睫毛。质地较好的单盒假睫毛，可以反复使用多次，整盒多支的质地较粗

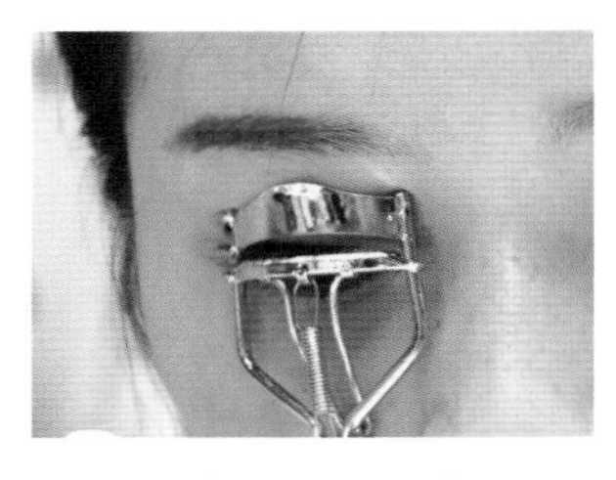

（a）用睫毛钳压紧睫毛1秒钟后，松开提高约30°，再夹紧停留1秒

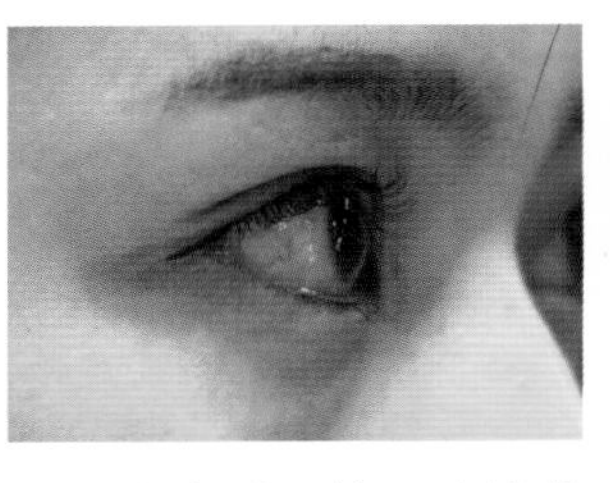

（b）夹完后照镜子确认卷翘度，太卷会露出睫毛的黏膜部分

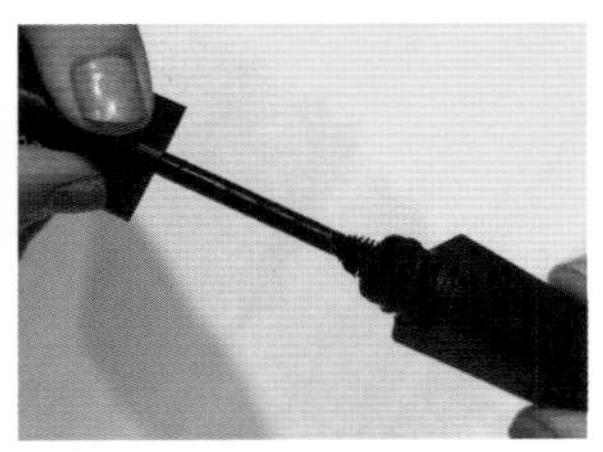

（c）在刷上睫毛膏前应先在瓶口抹去多余的量，用纸巾擦拭也有相同的效果，避免晕染

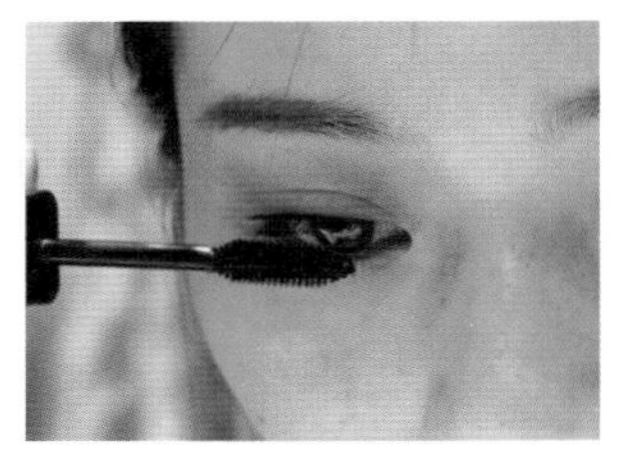

（d）将睫毛膏以横拿的方式，从睫毛开始以Z字形方式由根部向前刷

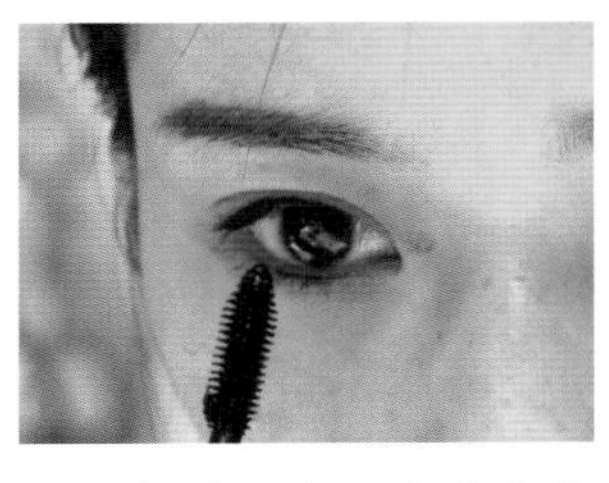

（e）将睫毛膏以直拿的方式一根根轻刷下睫毛，可避免沾染到下眼皮

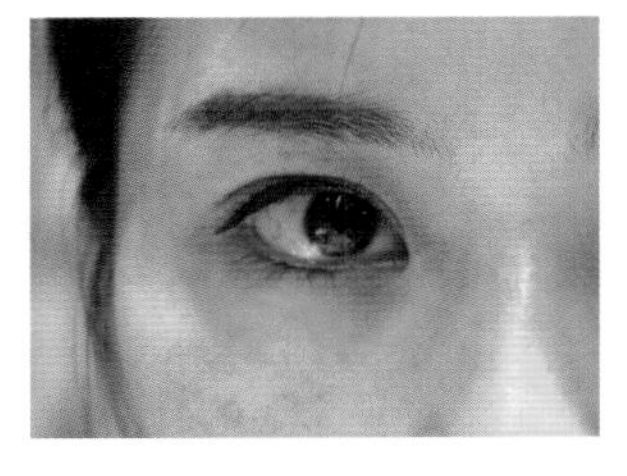

（f）睫毛完成效果

图3-52　日常睫毛涂法

糙，但效果挺自然，最多反复使用2～3次。两手小心地捏着假睫毛的两端，反复弯出弧度，柔韧假睫毛（图3–56）。

（2）半贴式 半贴式适合眼形细长的眼睛，或者魅惑感妆容（图3–57）。

（3）上下睫毛分段式 上下睫毛分段式可营造浓密自然的睫毛，适合较艳丽的妆容（图3–58）。

图3–53 自然睫毛

图3–54 浓密睫毛

图3–55 舞台睫毛

（a）镜子正对自己摆好，先用手拿着假睫毛放到眼睛上比一下长度

（b）用专用小剪刀修剪睫毛，把两头多出的连接线剪掉

（c）用镊子夹住假睫毛，把睫毛胶用小刷刷到假睫毛的连接线上

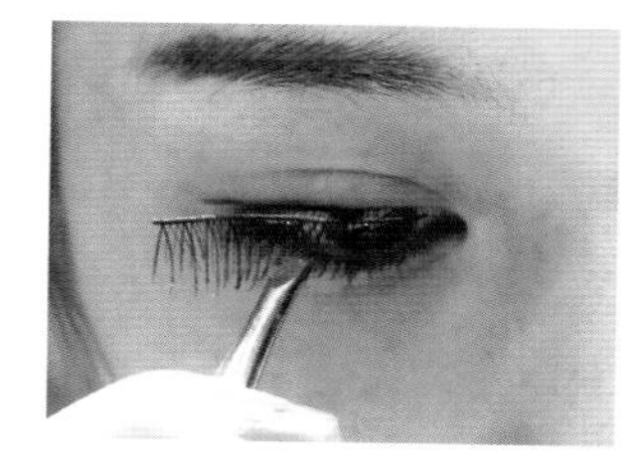
（d）用镊子夹着上好胶的假睫毛先把中间固定在眼皮的中部。然后用手帮忙调整头尾，固定一下

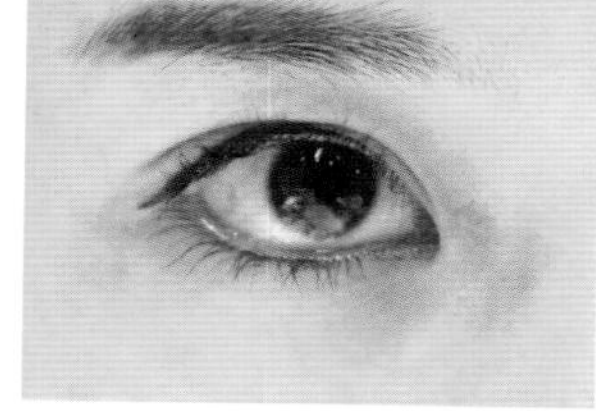
（e）素眼

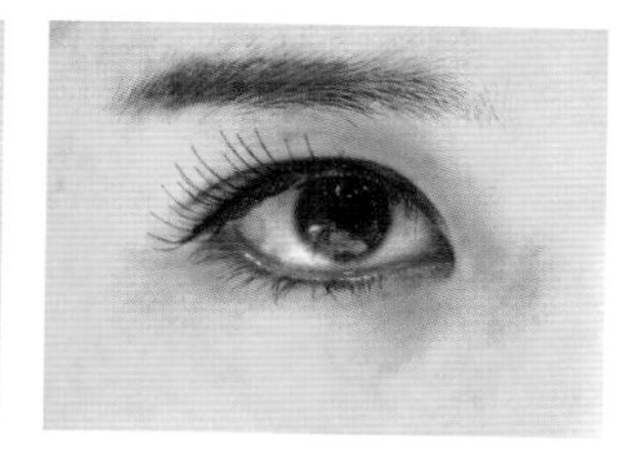
（f）假睫毛完成效果

图3–56 常规佩戴法

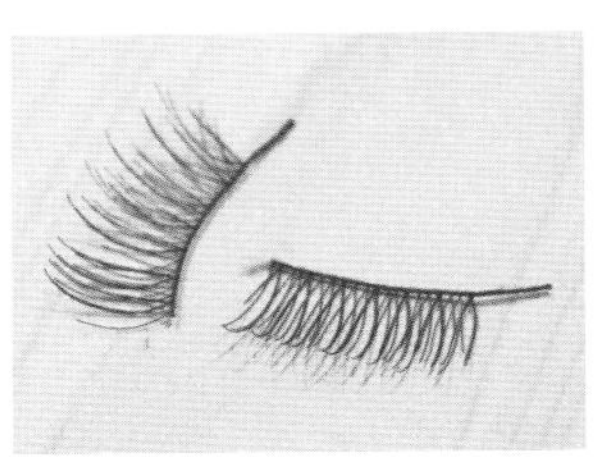

（a）将假睫毛从中间一分为二地剪开

（b）将剪开的假睫毛重叠粘贴在一起

（c）在假睫毛的根部涂上胶水

（d）将假睫毛贴在眼尾

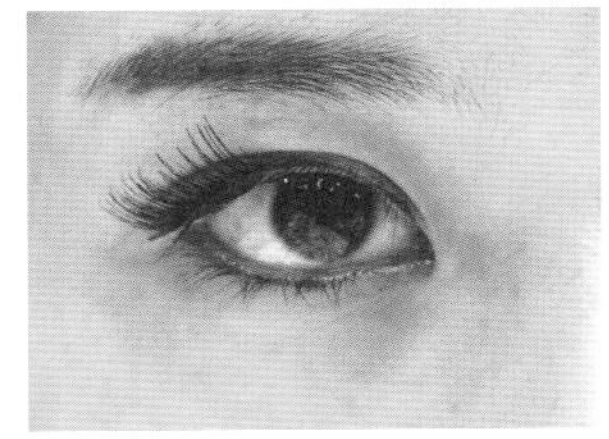

（e）完成

图3-57　半贴式

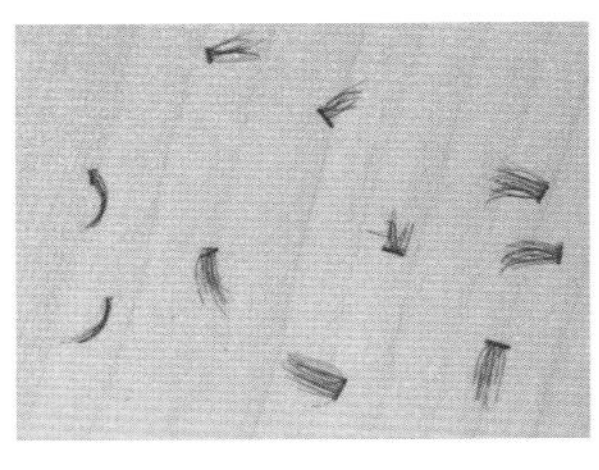

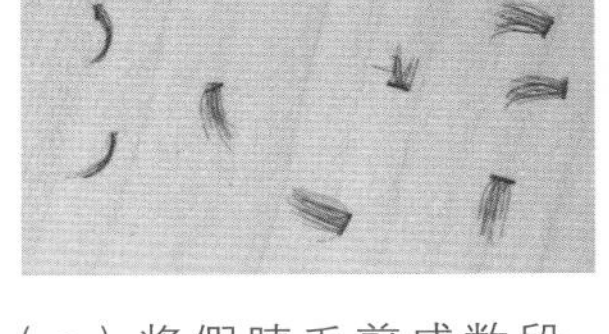

（a）将假睫毛剪成数段，每段大概有三到四簇睫毛

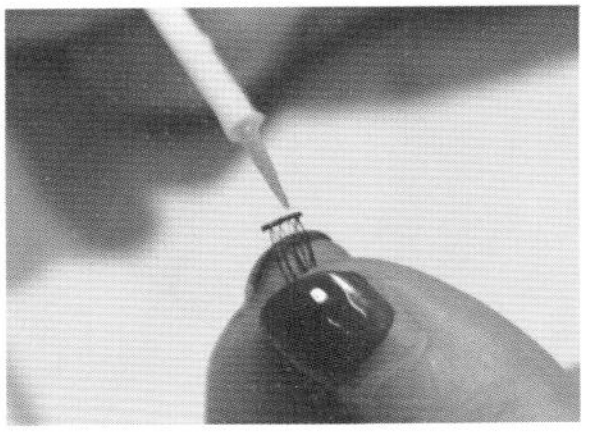

（b）在假睫毛根部涂上胶水

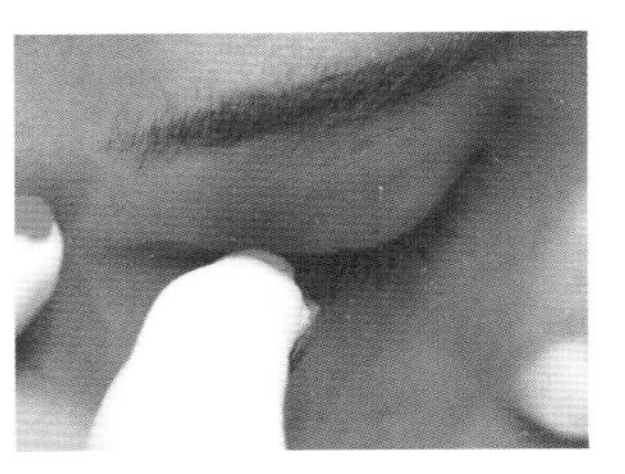

（c）从眼尾开始粘贴

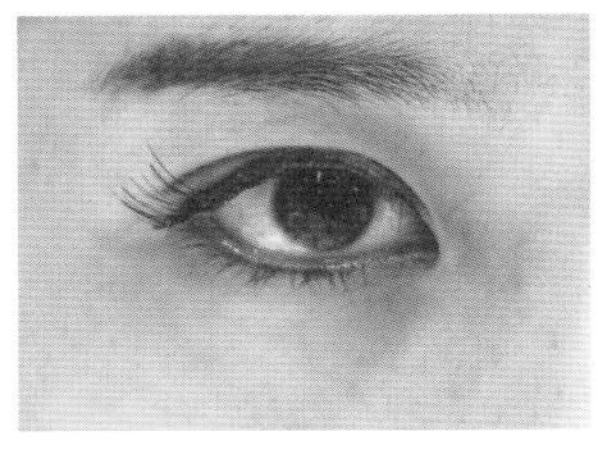

（d）继续粘贴，两段假睫毛有一部分重叠在一起，效果更自然

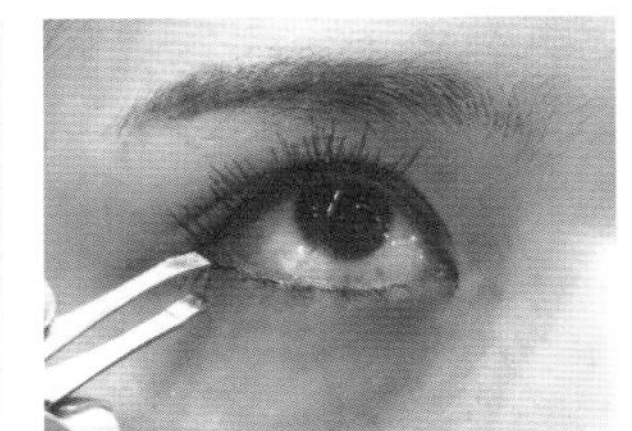

（e）重复以上步骤完成下睫毛的粘贴

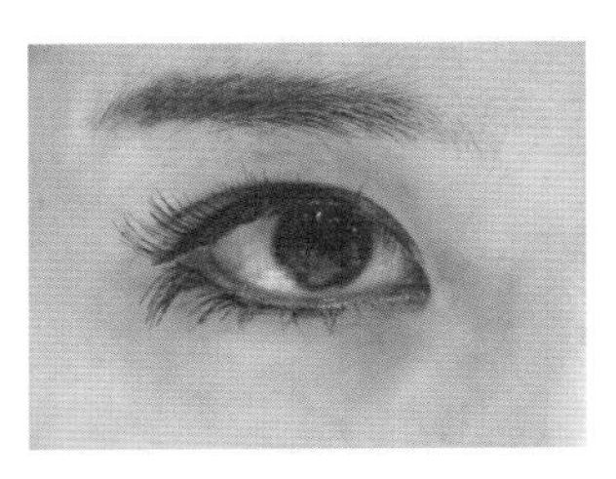

（f）完成

图3-58　上下睫毛分段式

五、眼影

1. 平涂

平涂是眼妆最基本的表现形式，顾名思义，就是在上眼睑部位均匀地涂一层眼影。眼影的色彩要保持一致，面积和色彩可根据自己想表现的妆感而定。平涂眼妆一般用于淡雅的妆面，或者用于眼睛形态比较完美，只是需要通过色彩加以润色的妆容。

平涂色彩的选择范围很大，眼睛比较肿的人不是很适合这种眼妆，因为缺少层次感，而暖色的平涂会使眼睛显得更肿。适合用于白纱、晚礼及古装妆容。由于色彩缺少层次感，所以不太适合眼睛缺乏立体感的人。为了在色彩平淡的基本上使眼妆更立体，一般会搭配比较精致的假睫毛（图3-59）。

2. 渐层

渐层是在平涂的基础上，由睫毛根部开始用同色系较深的色彩向上过渡，形成自然渐变的效果，有时也用相互融合后能够产生新色彩的较深的颜色加以过渡。多采用原色与间色之间的结合，如黄色与绿色结合，绿色与蓝色结合等。渐层的效果相对于平涂会更有层次感，比较适合眼睛相对不够立体的人，或者用于想让眼部更生动、更有层次感的妆容。根据眼影色彩搭配的不同，可用于欧式、韩式、日式等各种类型的白纱妆容，也可用于晚礼妆容与古典妆容。可以说是一款百搭的眼妆（图3-60）。

3. 局部修饰

局部修饰的眼妆看起来很自然，只在后眼尾位置向内眼角方向涂抹，大致在眼球中轴线位置渐淡。局部修饰眼妆适合眼睛形状比较好、想让眼部有一些立体感的人。

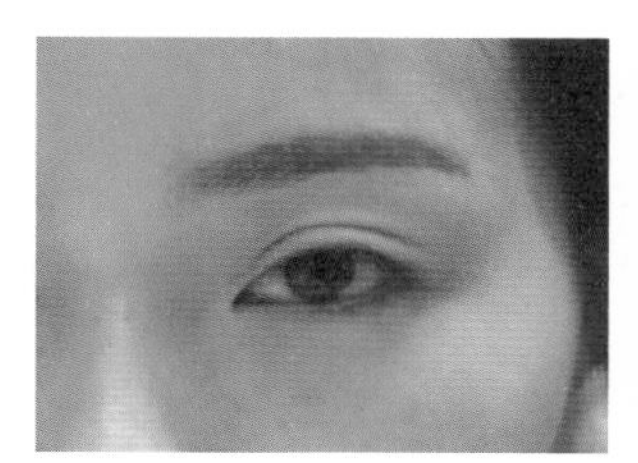

（a）素眼

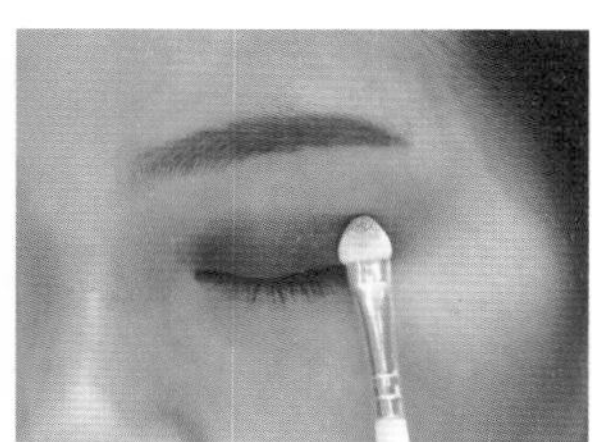

（b）在上眼睑晕染一层深蓝色眼影，自睫毛根部开始，面积不要超过眼窝的位置

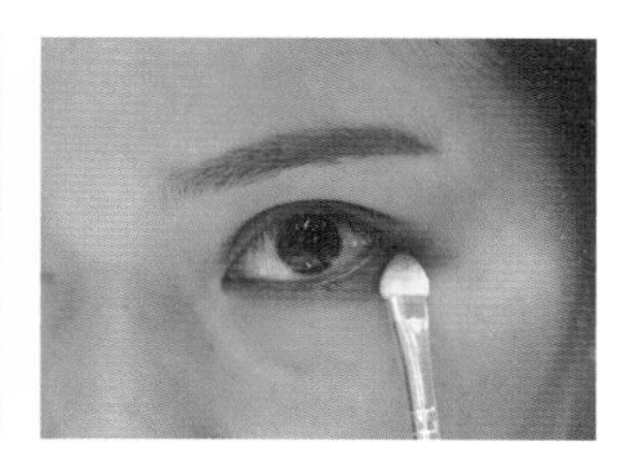

（c）在下眼睑位置晕染深蓝色眼影，边缘要柔和

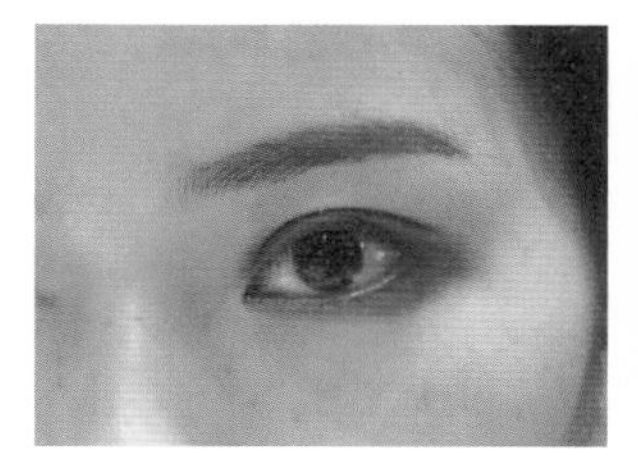

（d）眼影完成图

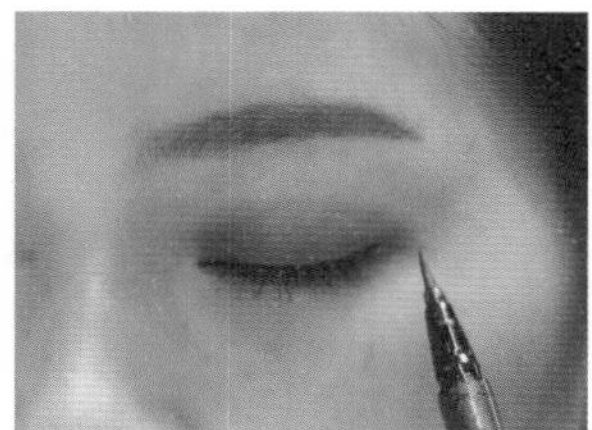

（e）在上眼睑位置沿睫毛根部画一条眼线

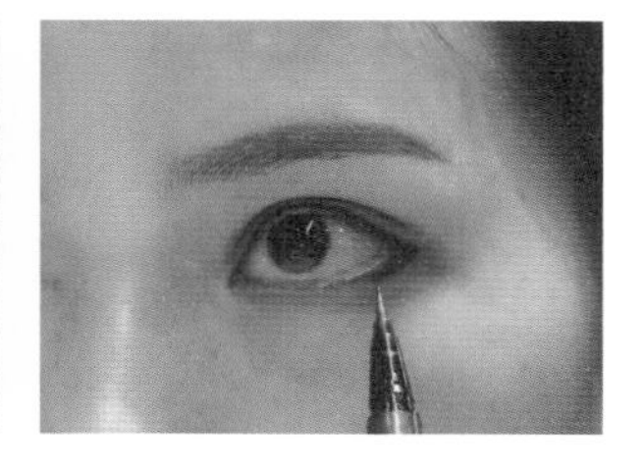

（f）在下眼睑后半段描画一条眼线，前宽后窄

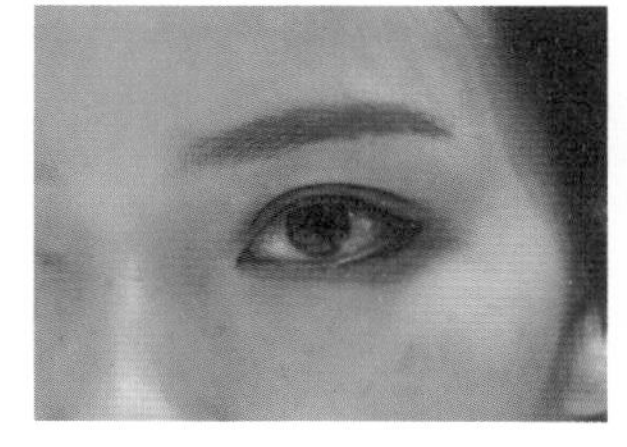

（g）眼线完成

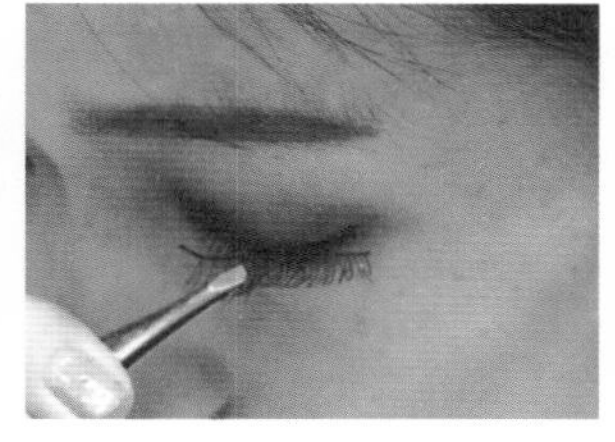

（h）在上眼睑粘贴假睫毛

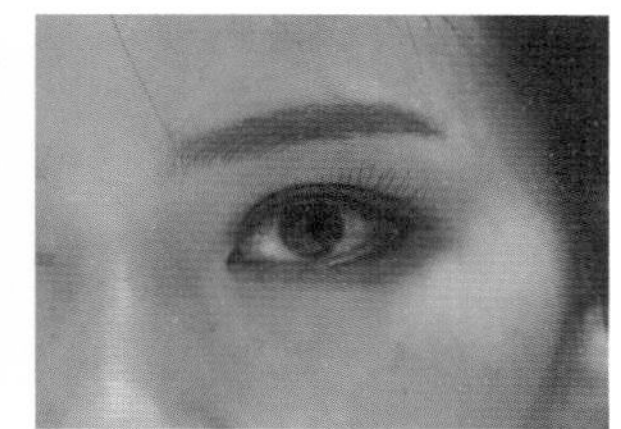

（i）平涂眼妆完成

图3-59 平涂

双眼皮褶皱线比较明显的人适合这种眼妆。单眼皮的人不是很适合，因为眼影的面积很有限，甚至会造成眼妆不够完整的感觉（图3-61）。

4. 段式

段式眼妆主要有两段式和三段式。最常用的是原色之间的对比，产生的效果最为强烈。红色和蓝色之间的对比就是两段式，红、黄、蓝三色之间的对比就是三段式。段式眼妆能表现眼妆的色彩感，不适合比较简约、端庄的妆面，适合用于表现色彩感的彩妆，以及比较浪漫活泼的妆容（图3-62）。

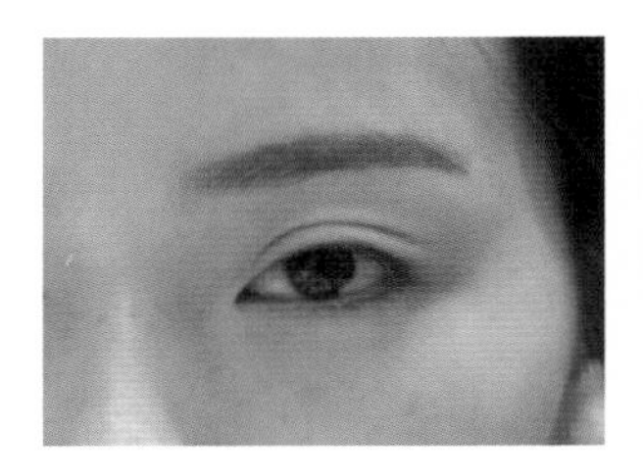

（a）素眼

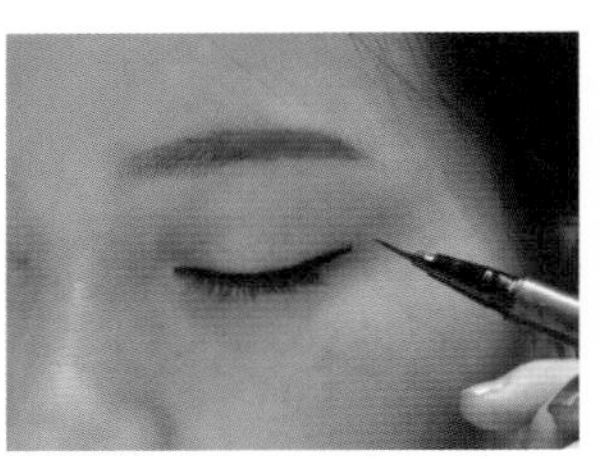

（b）在上眼睑描画一条眼线，前宽后窄，眼尾微微上扬

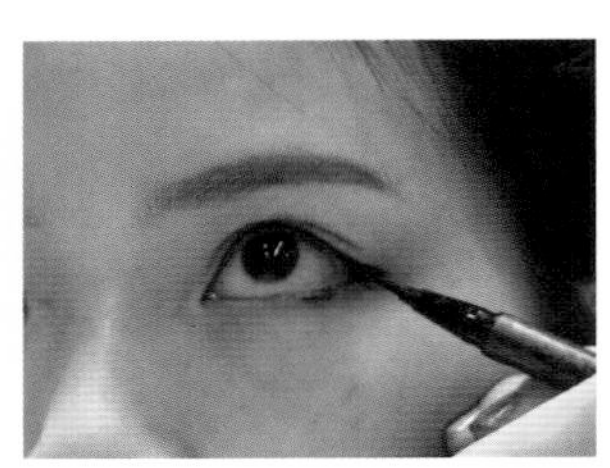

（c）在下眼睑眼尾处描画眼线，与上眼睑的眼线衔接在一起

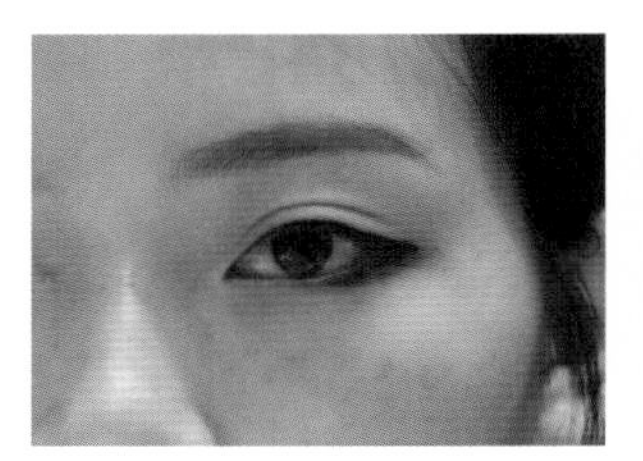

（d）眼线完成图

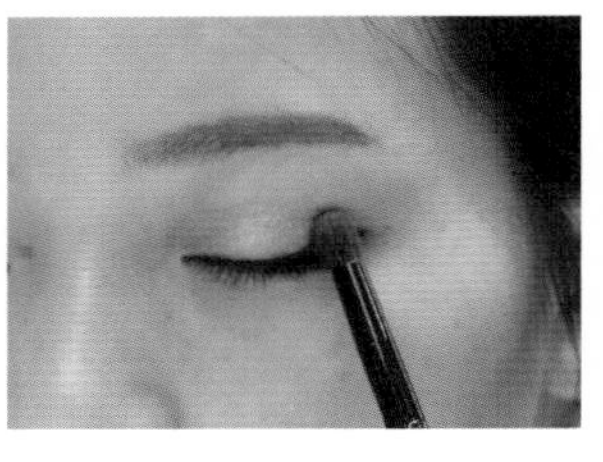

（e）在上眼睑位置晕染浅金色眼影

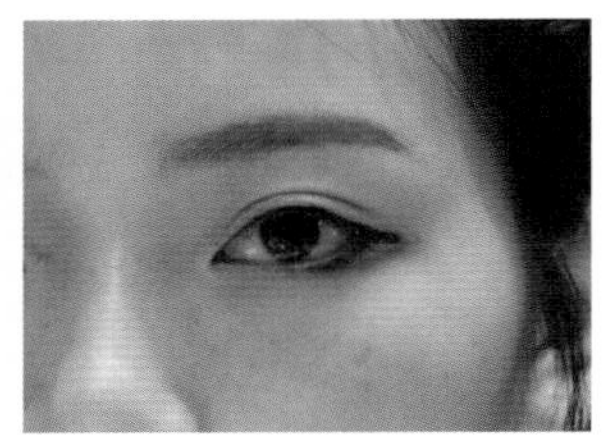

（f）眼影效果

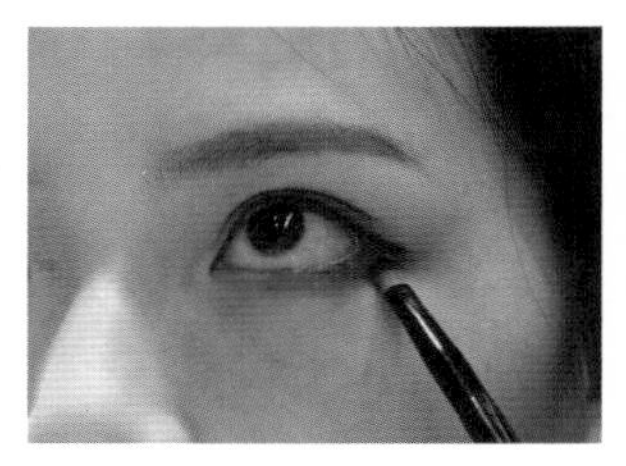

（g）在下眼睑眼尾处晕染深棕色眼影

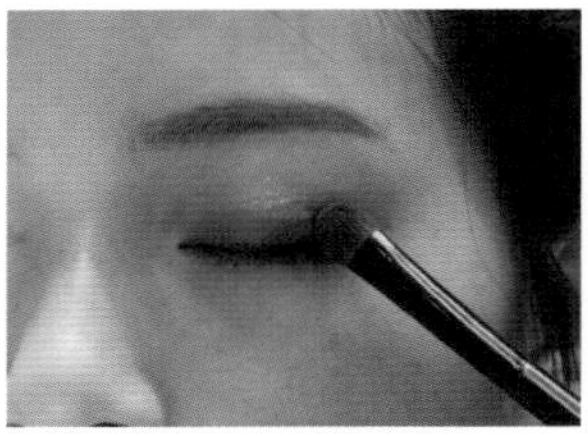

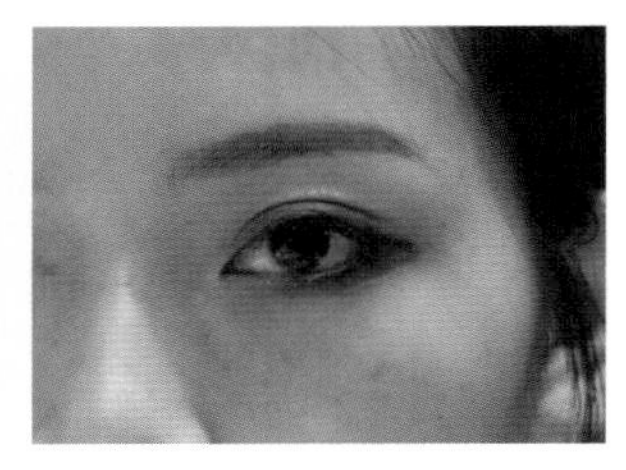

（h）在上眼睑位置，沿睫毛根部晕染深棕色眼影

（i）渐层眼妆完成

图3-60 渐层

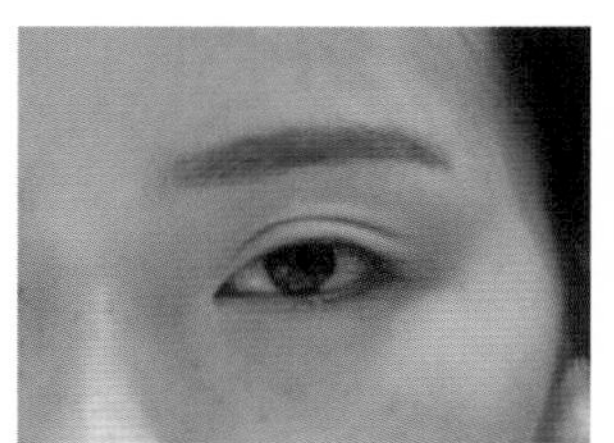

（a）素眼

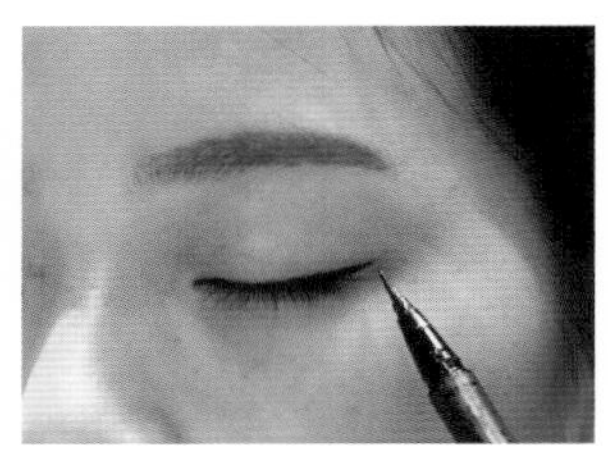

（b）在上眼睑描画一条眼线，眼尾微微上扬

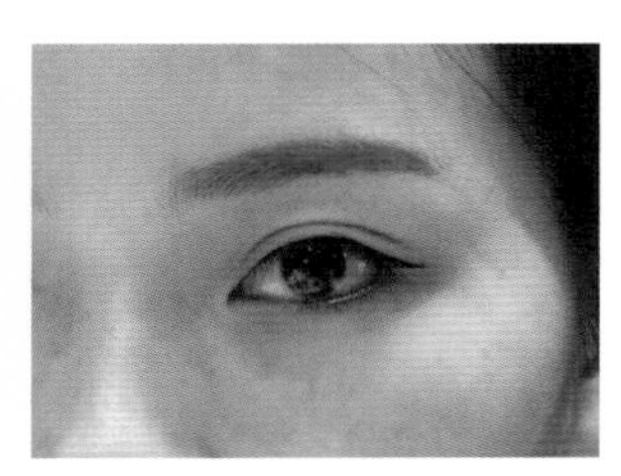

（c）眼线完成图

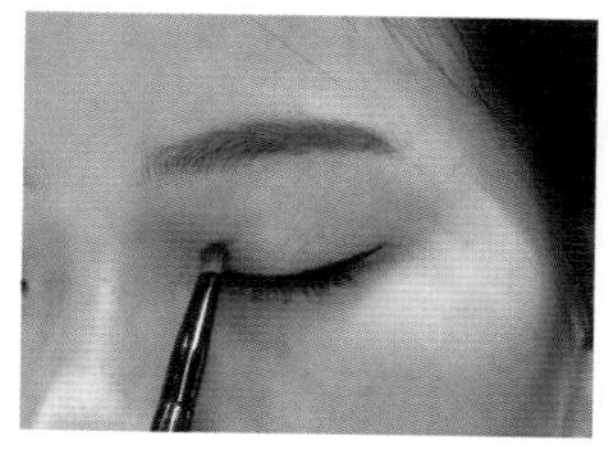
（d）在上眼睑的前半段晕染珠光白色眼影

（e）选择砖红色眼影

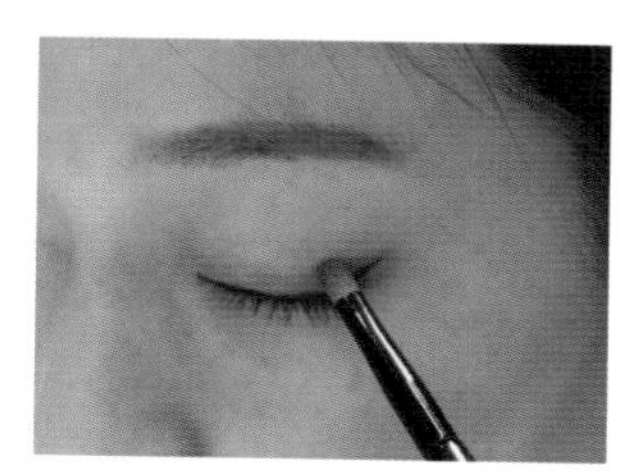
（f）在上眼睑的后半段晕染亚光砖红色眼影，角度上扬

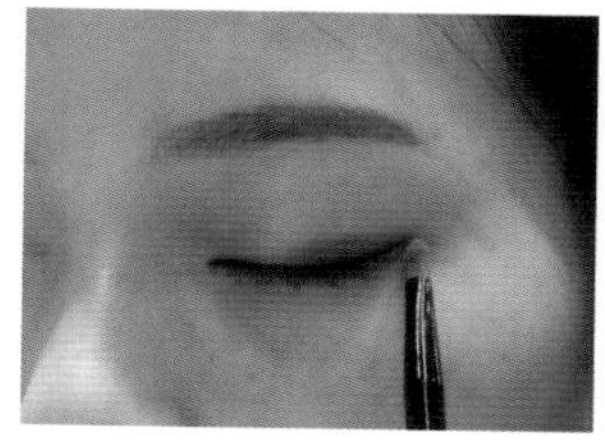
（g）眼影完成效果

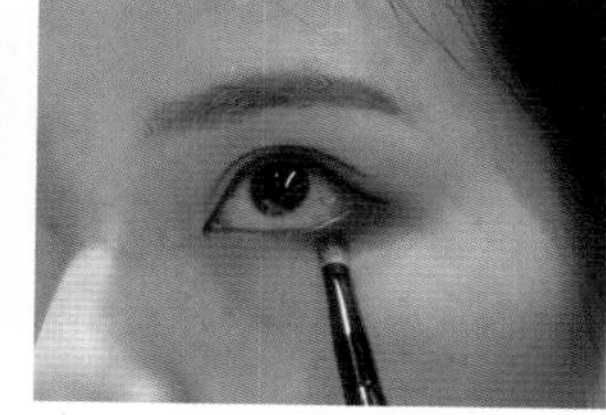
（h）在下眼睑位置晕染砖红色眼影，柔和眼妆

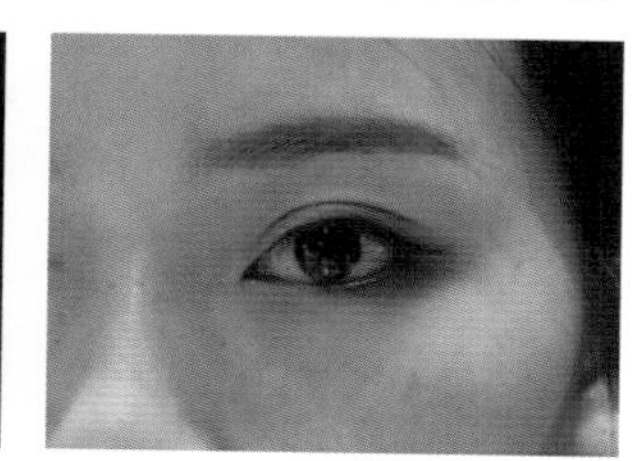
（i）局部眼妆完成

图3-61　局部修饰

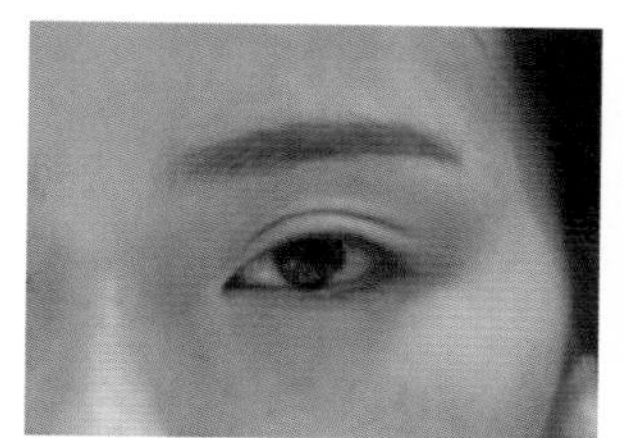
（a）素眼

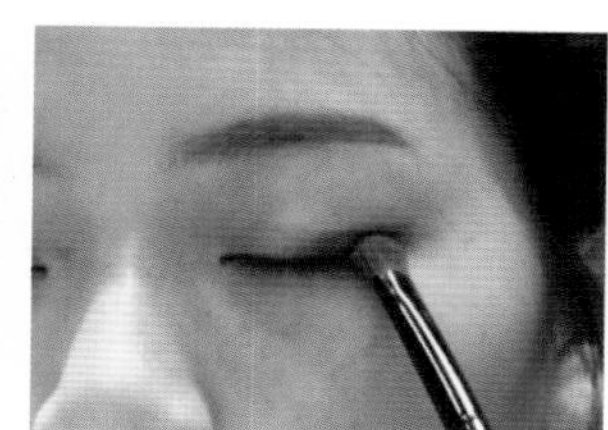
（b）在上眼睑尾部晕染红色眼影

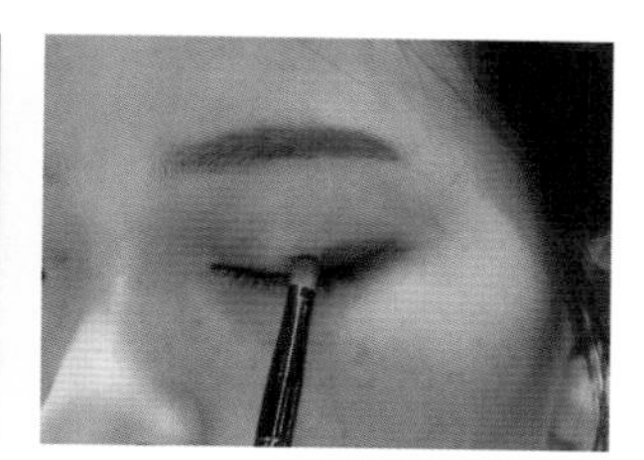
（c）在上眼睑中部晕染黄色眼影

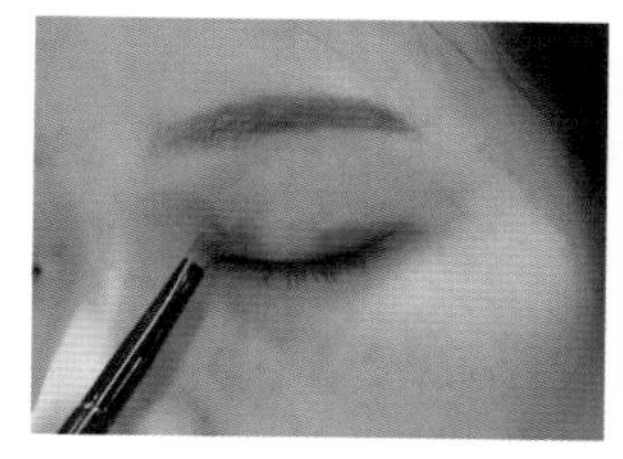
（d）在上眼睑的前半段晕染蓝色眼影

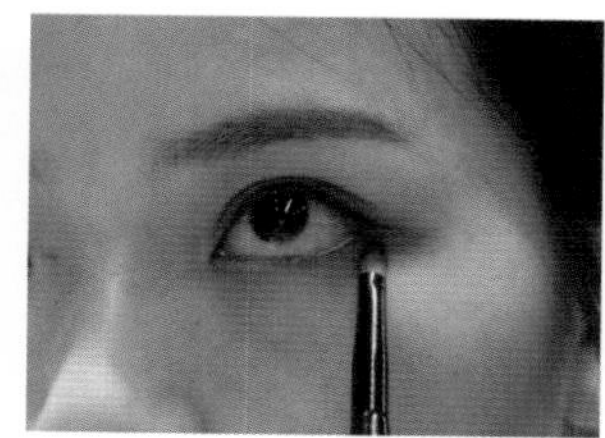
（e）在下眼睑从前往后晕染红色眼影，与上眼睑眼影呼应

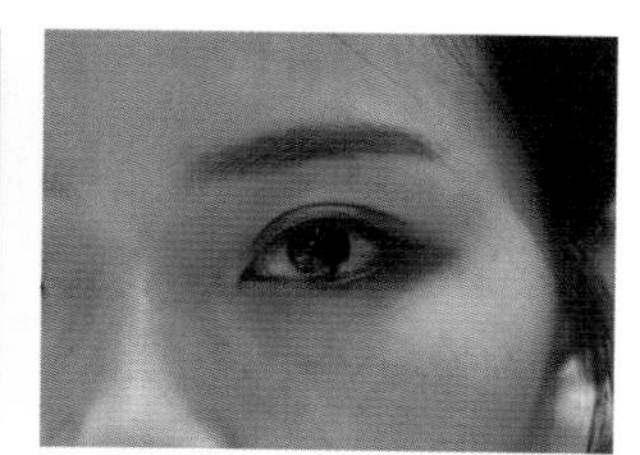
（f）眼影完成效果

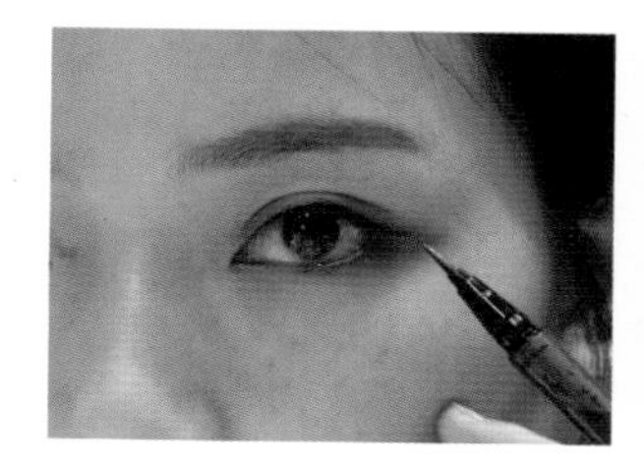
（g）用黑色眼线笔描画一条完整的眼线

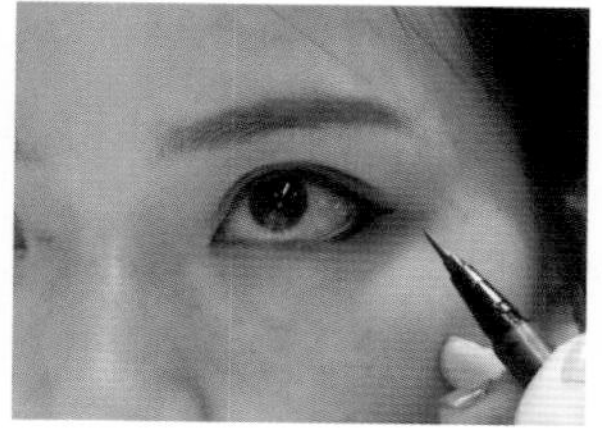
（h）用黑色眼线笔描画下眼线，与上眼线衔接

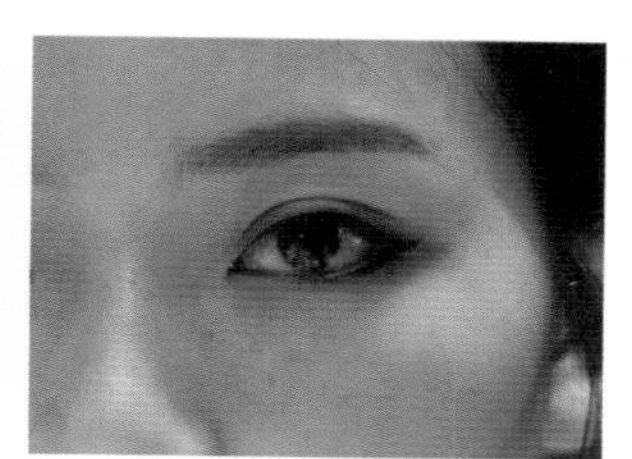
（i）段式眼妆完成

图3-62　段式

5. 小烟熏

小烟熏的眼妆和渐层的眼妆在眼影的处理方法上有相似之处，小烟熏眼妆的层次渐变感更强烈，没有明显的眼线。眼影面积不超过眼窝，越靠近睫毛根部颜色越深，自睫毛根部向上如烟熏扩散般渐淡，直至消失。一般情况下，黑色是在表现烟熏式眼妆时不可或缺的颜色，它能使渐变得比较自然，与渐层类似；而在处理时尚妆容的时候，小烟熏的下眼线和眼影贯穿整个下眼睑，并且层次分明。紫色、金棕色、黑色都是小烟熏眼妆的常用色（图3-63）。根据色彩的不同，可以用于各种白纱、晚礼妆容和时尚妆容中。眼部不够立体的人比较适合这种眼妆表现形式。

6. 小欧式

小欧式眼妆又名小倒勾眼妆。描画方法是从眼尾位置开始，沿双眼皮褶皱线向内眼角画一条结构线，到眼球中轴线位置自然消失，以结构线为基准做层次过渡。不能采用颜色过浅的眼影做过渡，那样会显脏，而且不容易制造层次感（图3-64）。大部分用作晚礼服的妆容，这种眼妆可以很好地调整眼部的轮廓感，使眼睛显得更加立体。

六、眉毛

1. 处理眉毛的工具

（1）眉扫　用来蘸取眉粉描画眉形（图3-65）。

（2）眉梳　用来搭配修眉剪刀梳理眉形，使其便于修剪（图3-66）。

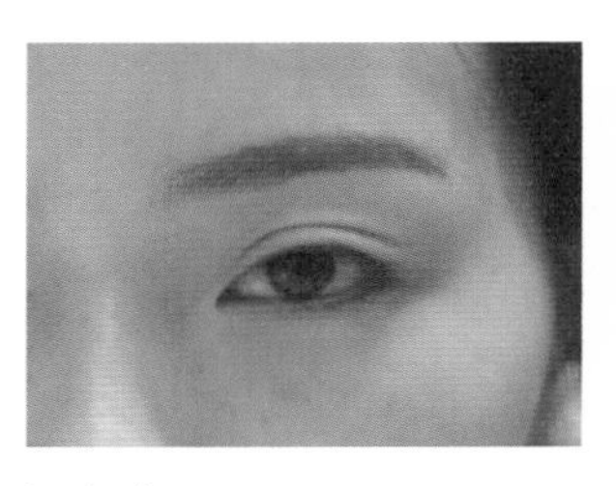

（a）素眼

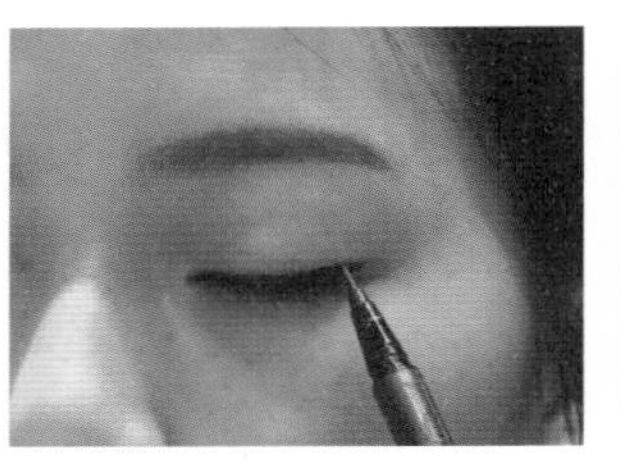

（b）沿睫毛根部画一条眼线

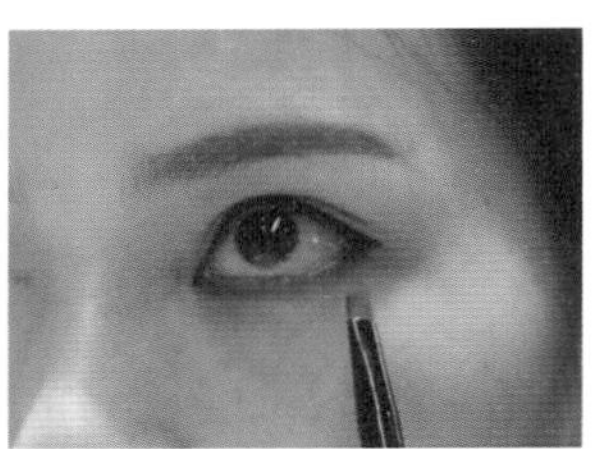

（c）眼线完成

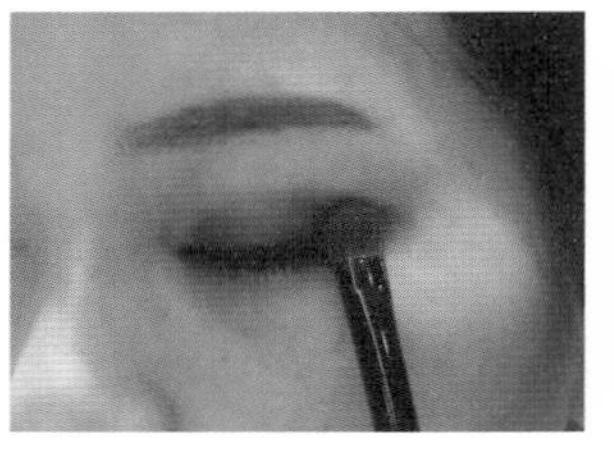

（d）在上眼睑晕染一层黑色眼影，做出深浅变化

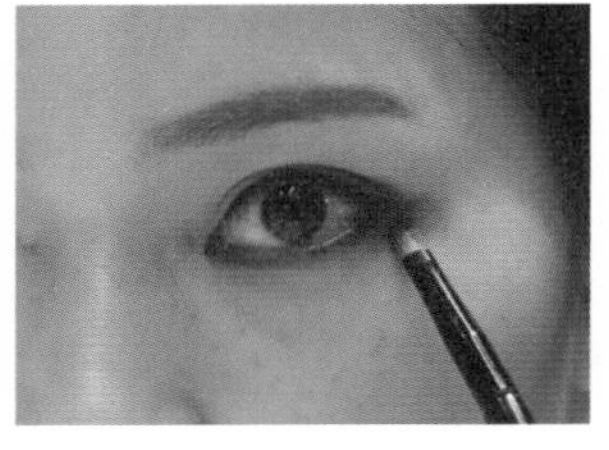

（e）在下眼睑晕染黑色眼影，与上眼睑眼尾处融合，柔和边缘

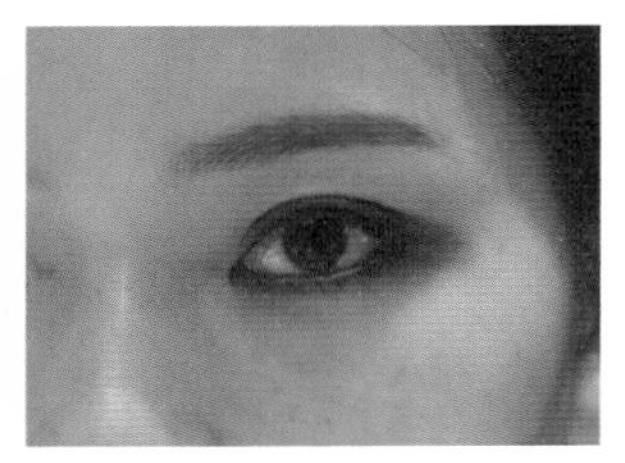

（f）眼影完成效果

图3-63　小烟熏

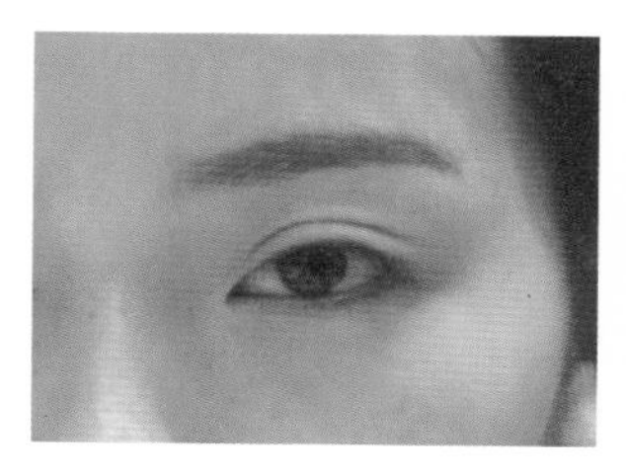

（a）素眼

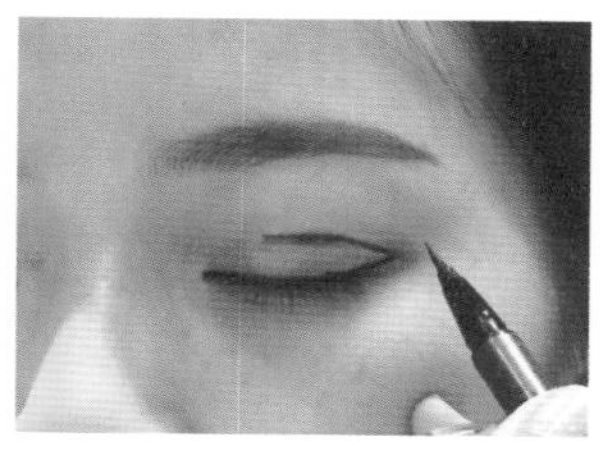

（b）沿睫毛根部画一条眼线。在双眼皮褶皱线处自后向前描画一条眼线

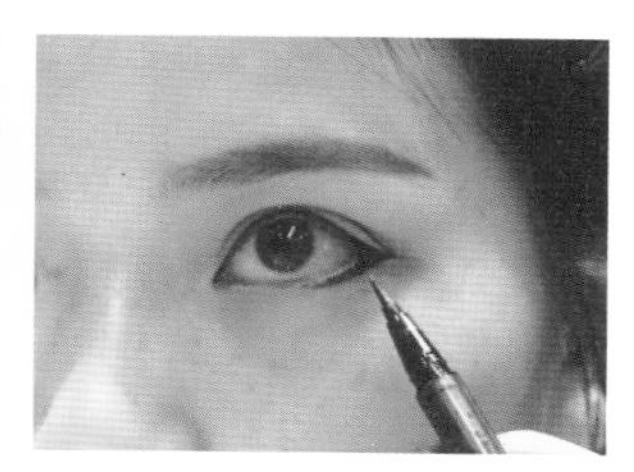

（c）在下眼睑的位置描画眼线

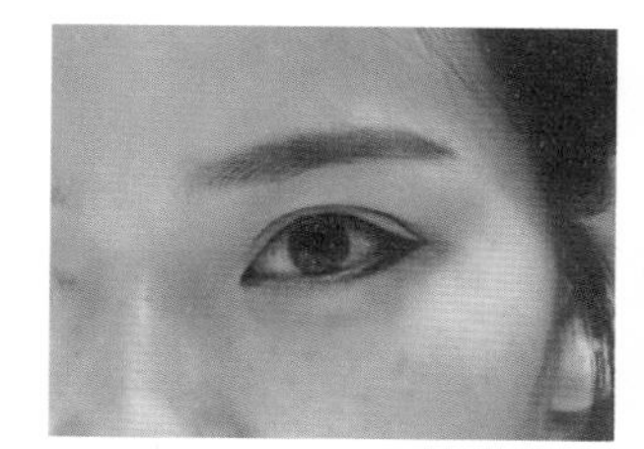

（d）眼线完成

（e）蘸取墨绿色眼影

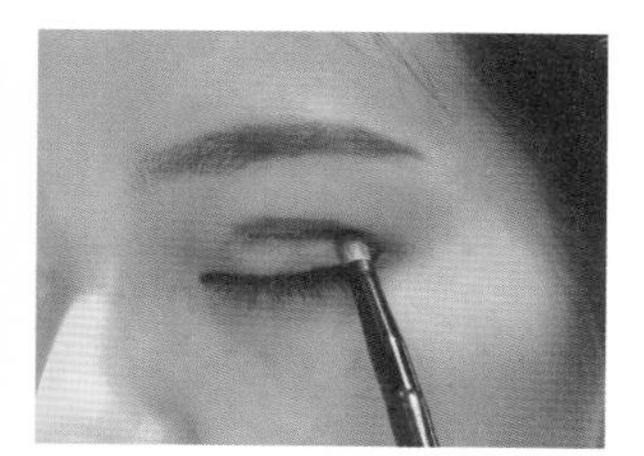

（f）用墨绿色眼影自小欧式线向上晕染，越靠近欧式线的颜色越深

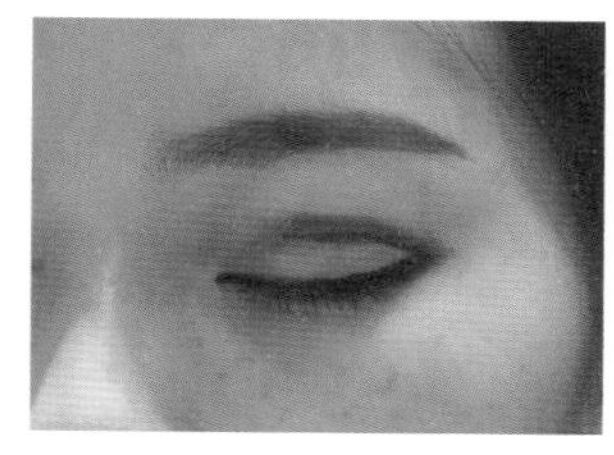

（g）上眼睑眼影完成图

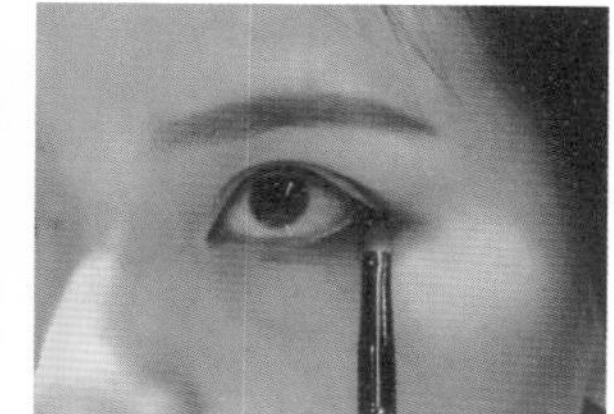

（h）在下眼睑同样晕染墨绿色眼影

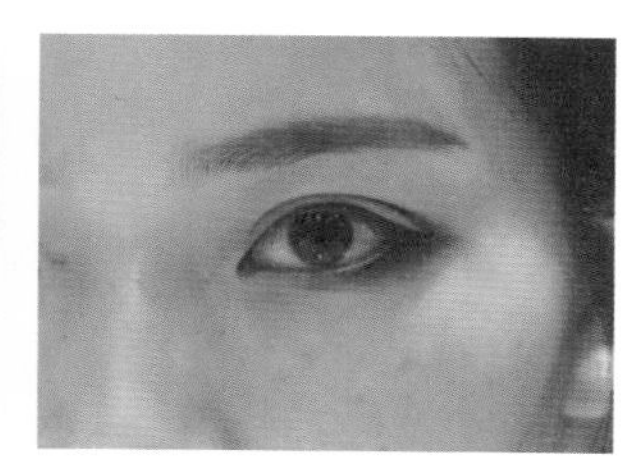

（i）小欧式眼影完成效果

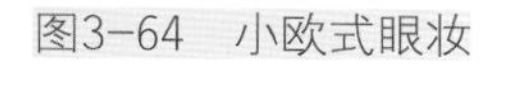

图3-64　小欧式眼妆

图3-65　眉扫

图3-66　眉梳

（3）眉刷　用来梳理眉形，清理眉毛里残存的杂眉；有时候还可以用来协助处理睫毛（图3-67）。

（4）眉笔　有深咖啡色、浅咖啡色、灰色、黑色等颜色，可根据需要选择。眉笔比较适合处理眉毛的细节，以及补充眉毛的断层（图3-68）。

（5）修眉刀片　主要用来处理眉毛的宽度，用刀片修眉对于技术不熟练的化妆师风险很大，所以要选择适合自己手感的刀片，以便于操作（图3-69）。

（6）镊子　用来拔眉毛，是早期修眉的常用工具。现在很少使用，因为它很容易使化妆对象产生痛感，而且会引起皮肤发红，长时间使用会使眼部皮肤下垂（图3-70）。

（7）修眉剪刀　剪刀主要用于修理眉毛的长度。有时眉毛过宽、过浓并不是由宽度造成的，而是由眉毛过长、过密造成的（图3-71）。

（8）眉粉　眉粉用来在色彩上加深眉毛，适合已经比较完整的眉形，也可与眉笔搭配使用（图3-72）。

（9）染眉膏　用来改变眉毛的色彩，以达到不同的妆感（图3-73）。

2. 眉形的标准比例

眉毛包括眉头、眉峰和眉尾。眉头的位置比内眼角的位置略靠前；眉尾的位置不超过鼻翼至外眼角的延长线；眉峰在整个眉长2/3的位置。眉峰微挑，眉毛前宽后窄（图3-74）。

图3-67　眉刷

图3-68　眉笔

图3-69　修眉刀片

图3-70　镊子

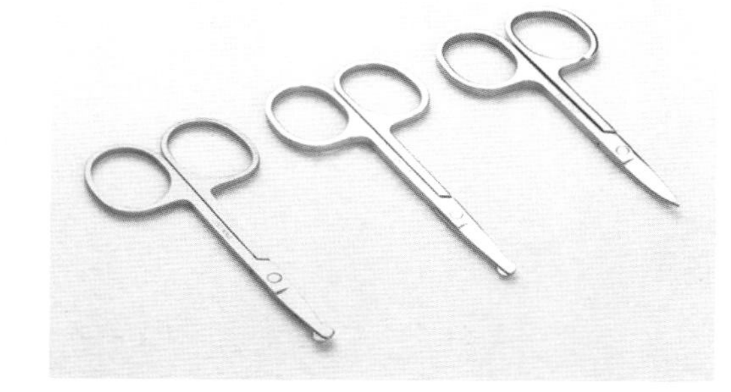

图3-71　修眉剪刀

图3-72　眉粉

3. 不同眉形的画法

眉形传达了某种情感元素，不同的眉形能够展现人物不同的性格及年龄特征。我们可以很好地利用眉毛来烘托妆容效果。

（1）标准眉形　眉峰处在眉头至眉尾的2/3处，眉峰颜色最重，眉尾次之，眉头最淡，这样的眉形被称为标准眉形。标准眉形适合于大部分的妆容，但是同时也缺乏个性（图3–75）。

（2）平缓眉形　展现的是年轻、可爱、单纯的感觉，就像小孩子的眉毛都是比较平缓自然的，基本没有挑起的眉毛。平缓的眉形比较适合表现天真、可爱类型的妆容（图3–76）。

图3–73　染眉膏

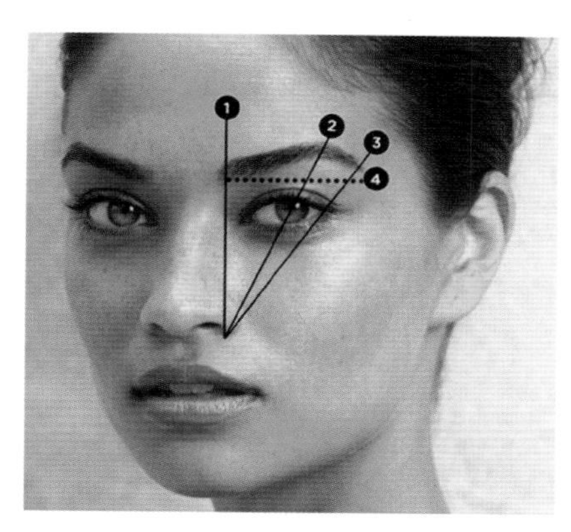

图3–74　眉形的标准比例

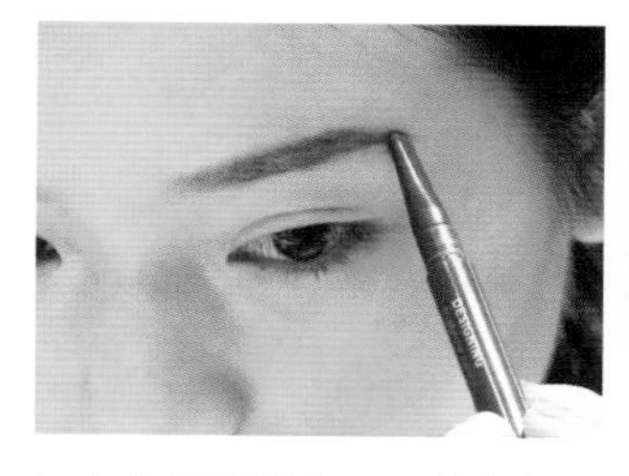

（a）先用眉粉将眉毛的底色刷出来，再用眉笔描眉形，重点在中间位置，从前向后描画

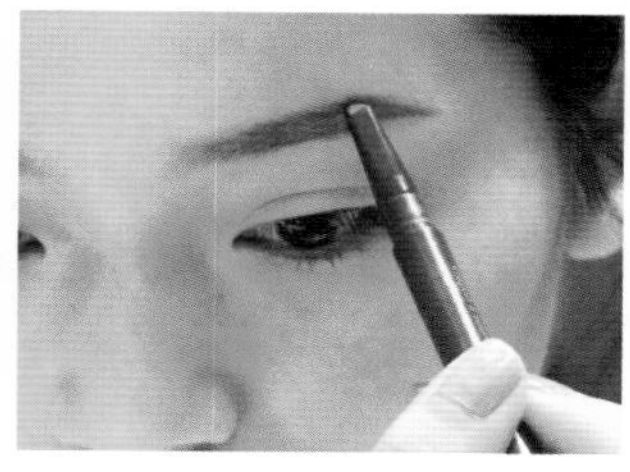

（b）顺着眉峰向眉尾描画眉形，眉峰是整个眉毛的色彩最重的位置

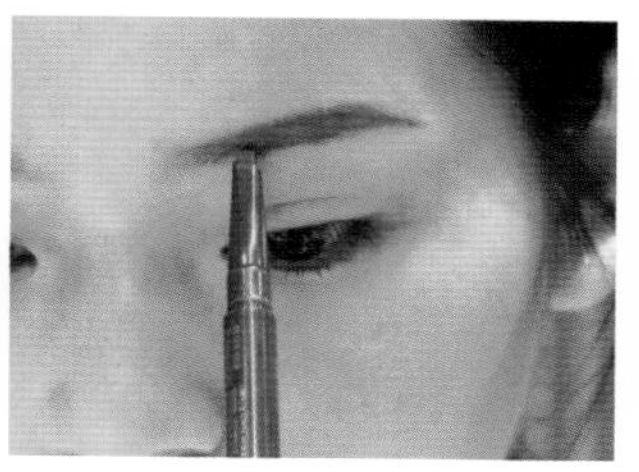

（c）用眉刷将眉头晕染得自然一些

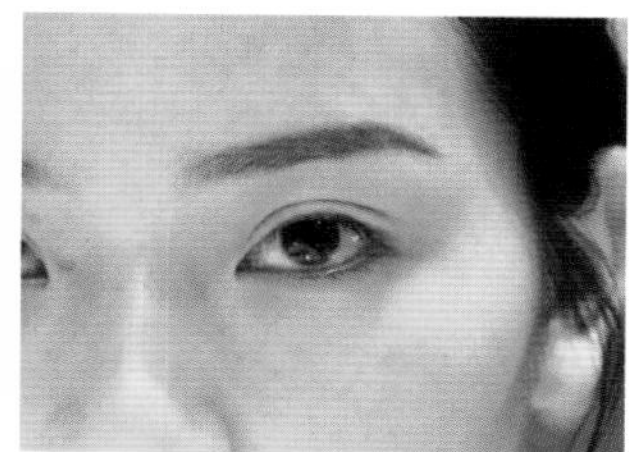

（d）眉毛处理完成

图3–75　标准眉形

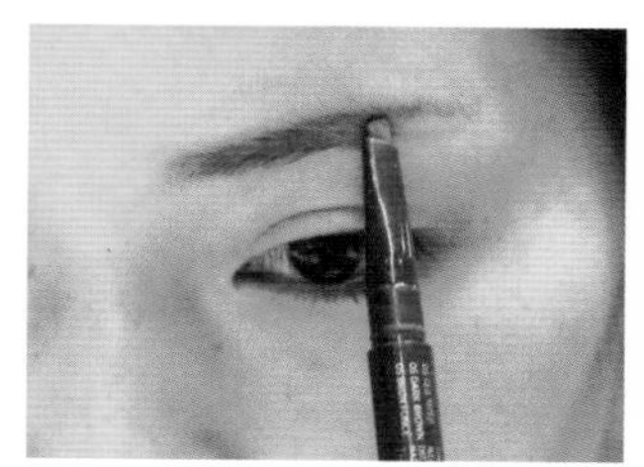

（a）用眉笔画一条平缓的眉毛底线

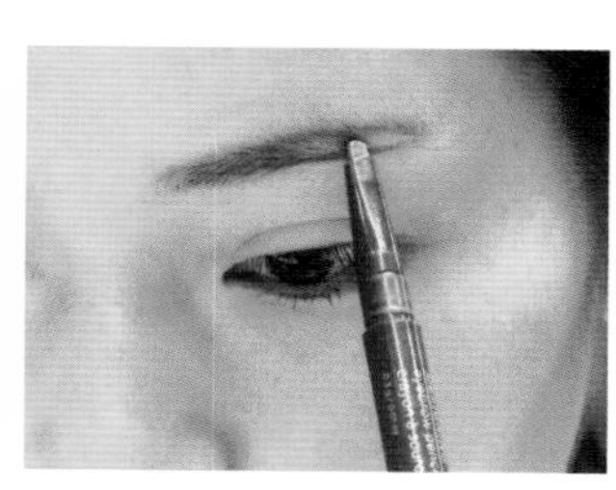

（b）用眉笔在眉毛底线上方描画眉形，要描画得自然

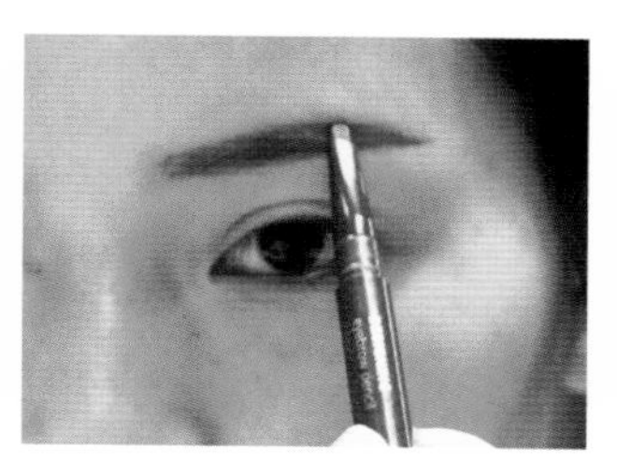

（c）在类似眉峰的位置用灰色眉笔加深

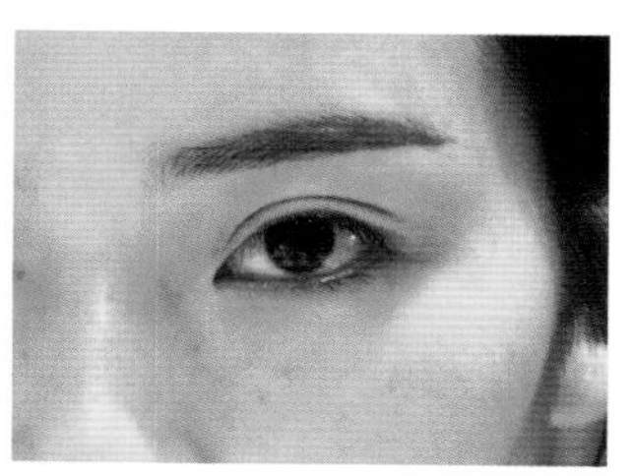

（d）眉毛处理完成

图3–76　平缓眉形

（3）一字眉　没有眉峰，微微斜向上，与剑眉相比长度较短，眉尾比较扎实。一字眉是很男性化的眉形，也有女孩子喜欢这样的眉形，可以表现桀骜不驯的气质（图3-77）。

（4）剑眉　没有眉峰，以30°～45° 斜向上，有硬朗英气的感觉，比较适合于中性的妆容（图3-78）。

（5）高挑眉　眉峰一般比标准眉靠前，眉毛偏细，具有戏剧性的效果。高挑眉比较适合表现妩媚、妖娆、性感、冶艳的感觉，同时会给人以成熟感，不太适合年龄比较小的人（图3-79）。

（6）弧形眉。眉峰在整个眉毛的1/2处，眉形一般处理得很细，眉毛粗细基本一致。弧形眉主要用来表现具有古典美的妆容（图3-80）。

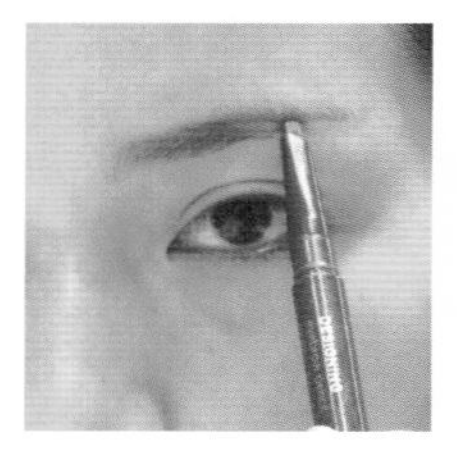
（a）用眉笔描画一条眉毛的底线，角度微微斜向上

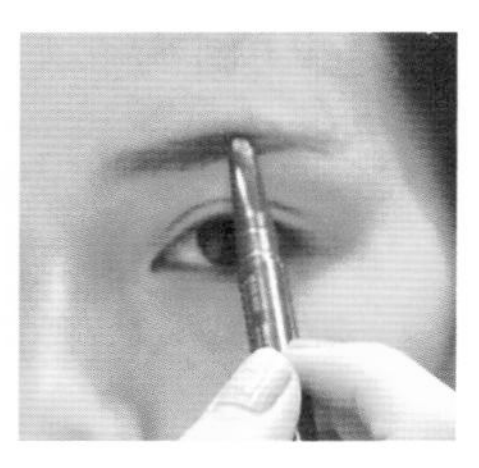
（b）用眉笔在眉毛底线上方描画眉毛，应有明显的棱角

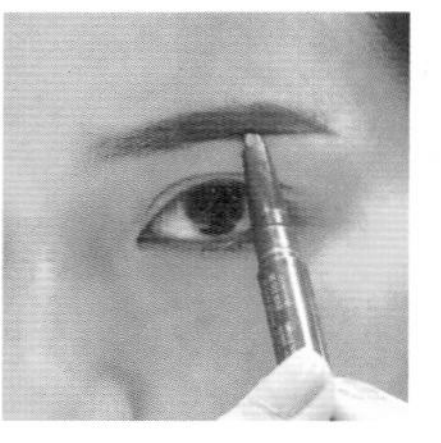
（c）在眉毛中间偏后的位置加重描画

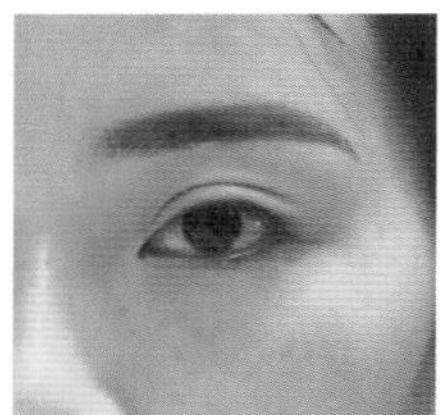
（d）眉毛处理完成

图3-77　一字眉

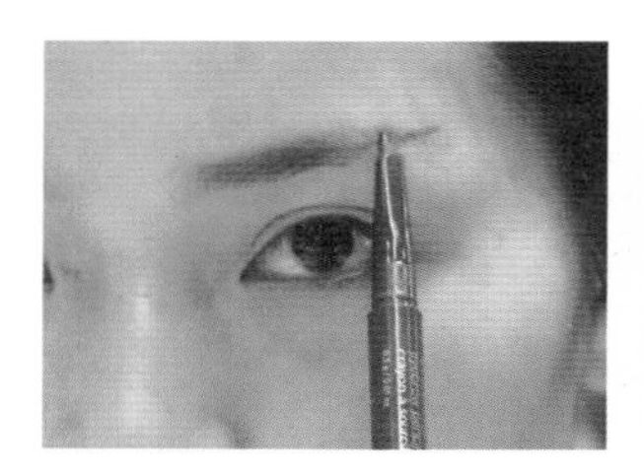
（a）从眉头位置斜向上画一条直线

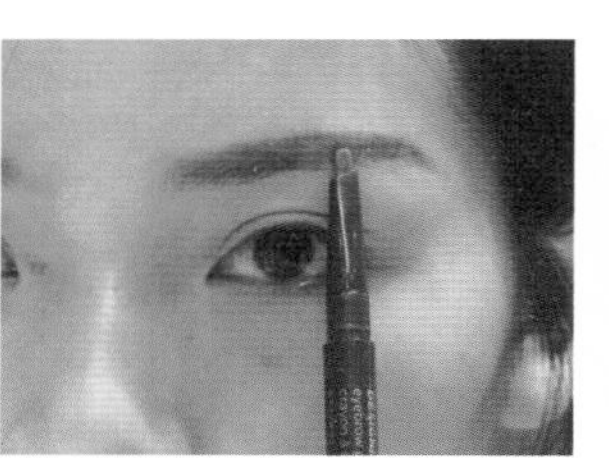
（b）从眉尾向眉头位置画另外一条直线。用眉扫蘸取眉粉，将两条线之间的空隙填满，眉头的晕染要自然

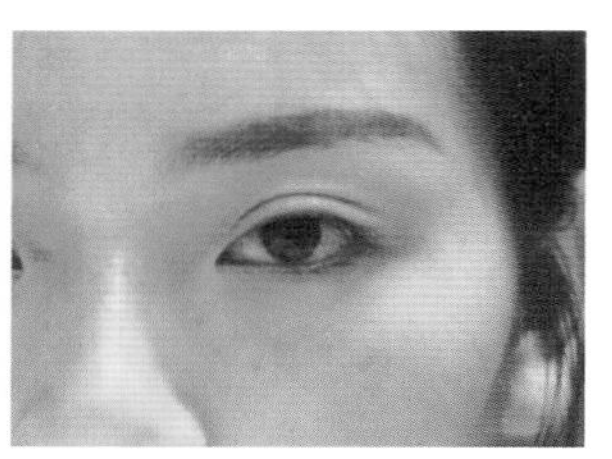
（c）眉毛处理完成

图3-78　剑眉

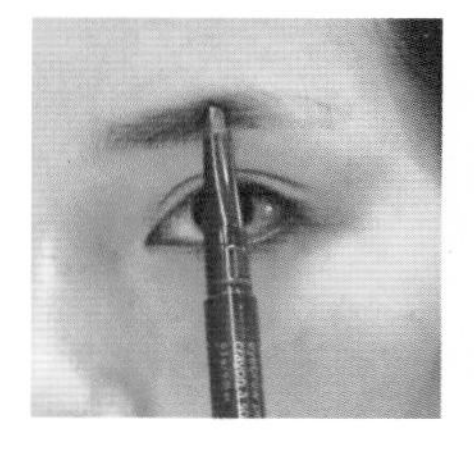
（a）用眉笔顺眉头向后并斜向上描画眉毛

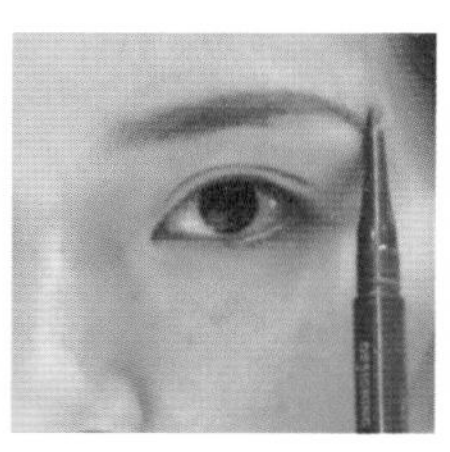
（b）眉峰比标准眉的位置略靠前。顺眉峰向后描画眉毛

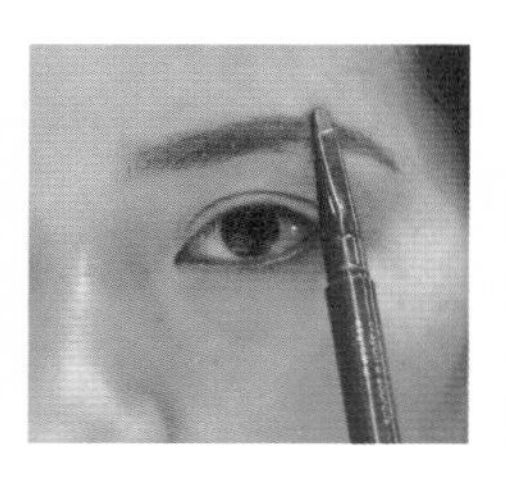
（c）用眉笔在眉峰的位置加重。整个眉毛呈现前宽后窄的状态

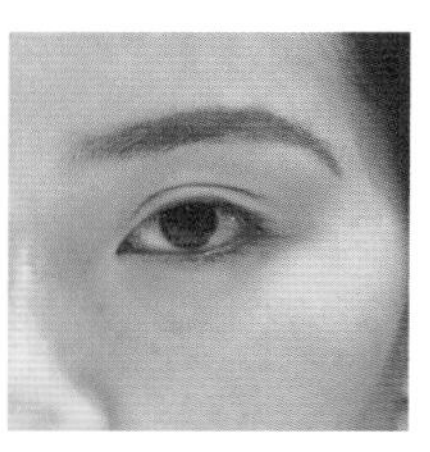
（d）眉毛处理完成

图3-79　高挑眉

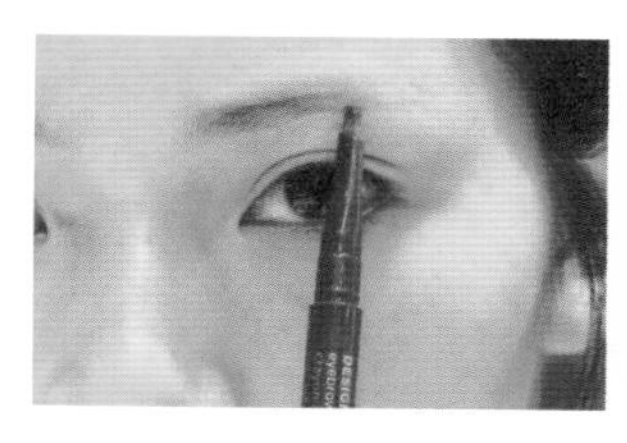
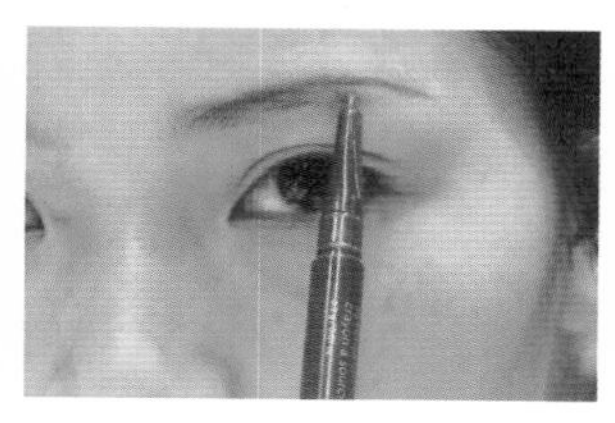
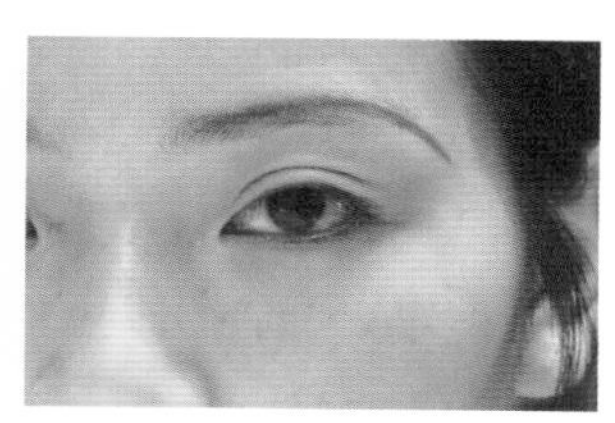
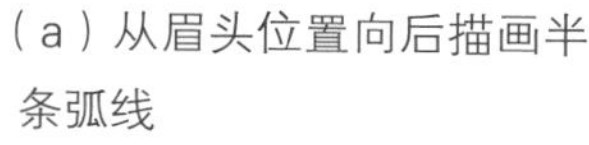

（a）从眉头位置向后描画半条弧线

（b）顺着弧线向后继续描画。在弧度的高点位置对眉毛进行加深

（c）眉毛处理完成

图3-80 弧形眉

第四节 唇部妆容

一、工具用品

1. 唇线笔

唇线笔可以修改过厚的嘴唇以及弥补过薄的嘴唇等缺陷，使得唇型基本达到标准。因此唇线笔是唇妆的一大重点。选择唇线笔，应选择较贴近嘴唇颜色的唇线笔，而不是选择与口红颜色相近的唇线笔。先勾画出唇线，然后用唇线笔将整个嘴唇轻轻涂上一层底色。当口红颜色褪尽后，嘴唇与唇线并没有明显的区别（图3-81）。

2. 唇膏

唇膏是最原始、最常见的口红的一种，一般是固体，质地比唇彩和唇蜜要干和硬。唇膏已成了我国现代女性的常用化妆品。在口唇上涂一层恰到好处的唇膏能使人显得格外娇媚。色彩饱和度高，颜色遮盖力强，而且由于是固体一般不容易由于唇纹过深而外溢，常用它来修饰唇形、唇色（图3-82）。

3. 唇彩

唇彩的特点是光泽度强、反光度高。它可以令唇部看起来更加水润饱满，同时起到滋润的作用，操作起来相对简单（图3-83）。

4. 唇刷

涂唇膏的化妆工具。可以使唇线轮廓清晰，唇膏色泽均匀。唇刷选择应以毛质软中兼硬、毛量适中为好。常用的唇刷主要有貂毛唇刷，尼龙唇刷及马毛唇刷三种（图3-84）。

图3-81　唇线笔

图3-82　唇膏

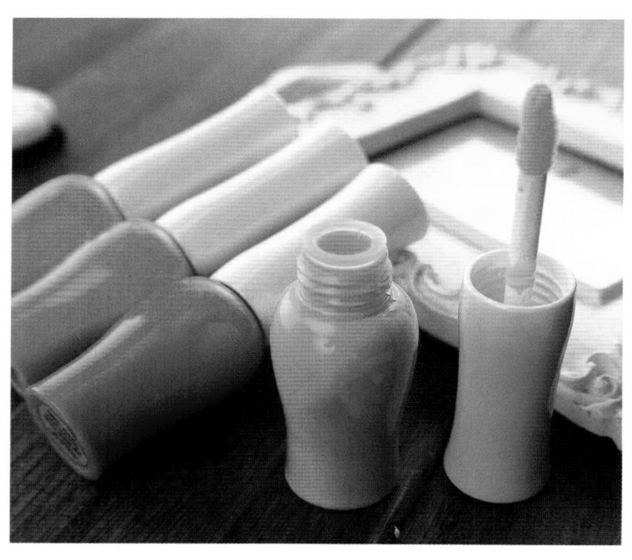
图3-83　唇彩

图3-84　唇刷

二、涂抹方式

1. 自然唇妆

自然唇妆适合在日常生活中使用，能提高人的气色，但又不会很明显（图3-85）。

2. 亚光轮廓感唇妆

亚光轮廓感唇妆在工作中很适合使用，亚光的质地不张扬但却很显气色（图3-86）。

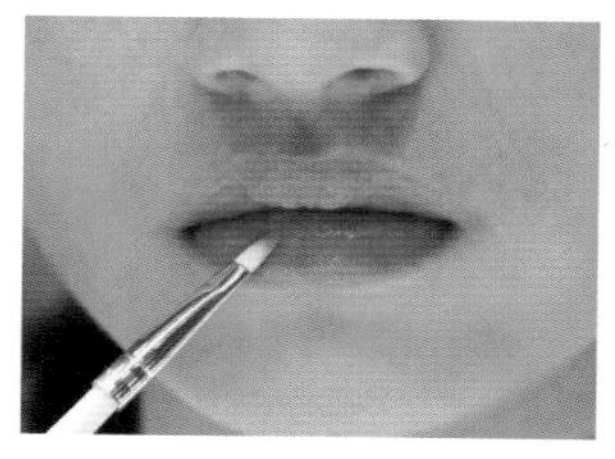

（a）为唇部涂抹肉色唇膏，矫正唇色

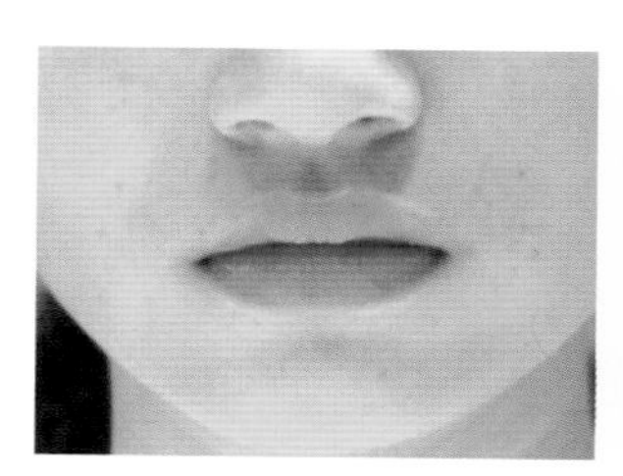

（b）涂抹一层透明唇蜜，使唇色亮泽

（c）自然唇妆完成

图3-85　自然唇妆

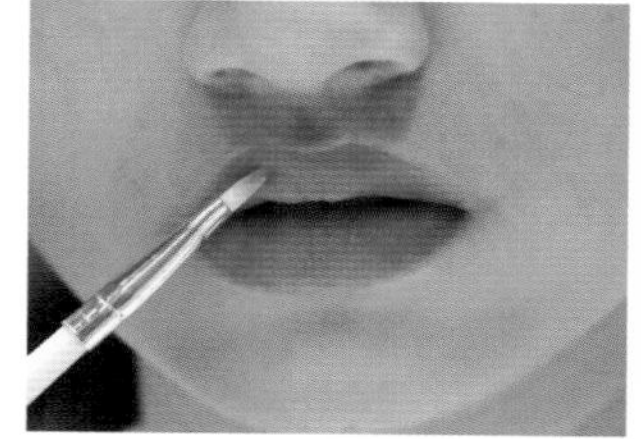

（a）用唇刷蘸取适量的唇膏，描画上唇和下唇的轮廓边缘

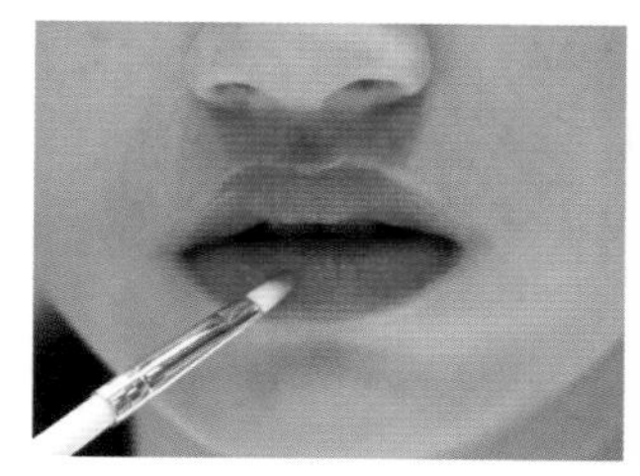

（b）在唇线内涂抹唇膏，将整个唇涂满。在唇的外轮廓线处再涂抹一层唇膏，增加唇的轮廓感

（c）亚光轮廓感唇妆处理完成

图3-86　亚光轮廓感唇妆

3. 妖艳感唇妆

妖艳感唇妆适合参加聚会时使用，显气场引人注目（图3-87）。

4. 创意感唇妆

创意感唇妆适合在一些特殊场合时使用，例如舞台表演，能增添表演的效果（图3-88）。

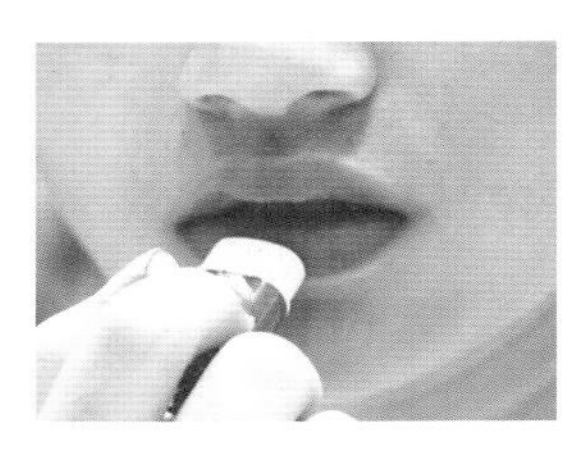

（a）首先用润唇膏滋润唇部，防止干燥起皮，同时能让上妆更服帖

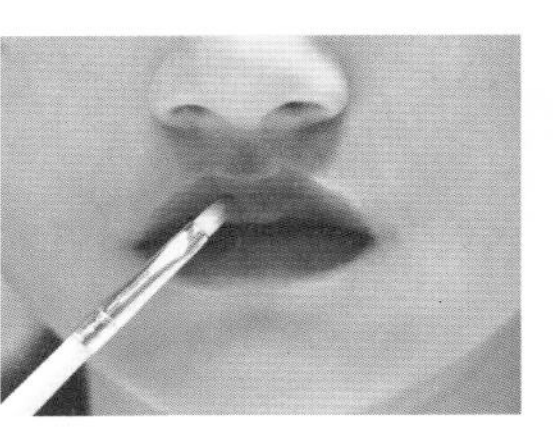

（b）用红色亚光唇膏处理下唇和上唇，边缘轮廓要清晰，将唇峰处理得棱角分明

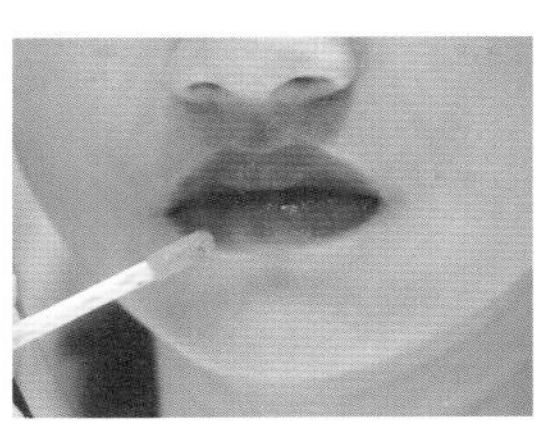

（c）涂抹唇蜜增加唇部的立体感

（d）妖艳感唇妆处理完成

图3-87　妖艳感唇妆

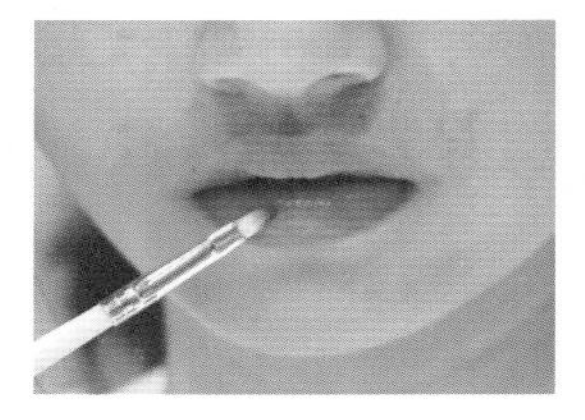

（a）用橘色亚光唇膏处理下唇，边缘轮廓要清晰

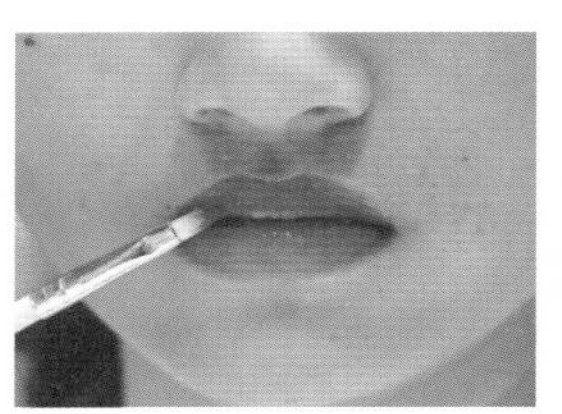

（b）用红色亚光唇膏处理上唇，打造饱满的感觉

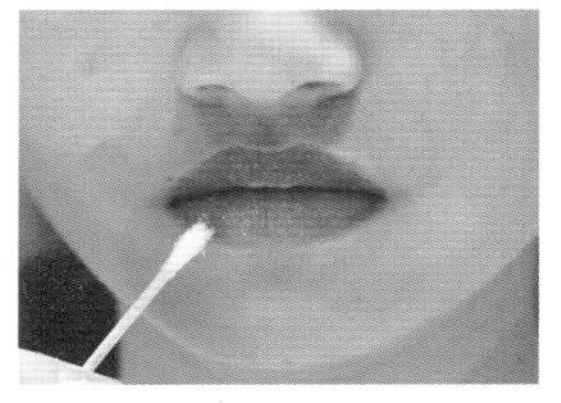

（c）在唇上涂抹少量唇蜜后粘贴亮片

（d）创意感唇妆处理完成

图3-88　创意感唇妆

第五节 腮红

腮红，又称胭脂，使用后会使面颊呈现健康红润的颜色。如果说眼妆是脸部彩妆的焦点，口红是化妆包里不可或缺的物件，那么腮红就是修饰脸形、美化肤色的最佳工具。

一、工具用品

1. 腮红膏

主要用来做定妆之前的腮红处理，处理好之后再刷上散粉，就会有一种皮肤之内透出的自然红润的感觉。有时候有人把唇膏作为腮红膏的替代品，唇膏在一定程度上也能达到一定的效果，但是这种方式非常不可取，因为腮红膏的材质和唇膏还是有区别的，可能会造成皮肤敏感，长时间使用还可能产生色素沉着（图3-89）。

图3-89 腮红膏

2. 亚光腮红粉

亚光腮红粉是指不含珠光成分的腮红晕染产品。亚光腮红粉的色彩可以像眼影一样多，最常用的是偏棕色或粉嫩红润的色彩，这种色彩可以很好地调整肤色及妆容的立体感。也有用亚光眼影粉代替亚光腮红粉的情况，但对于皮肤比较粗糙的人，还应尽量选择专业的亚光腮红粉，因为腮红粉的颗粒比眼影粉更细腻，能更好地与皮肤贴合（图3-90）。

图3-90 亚光腮红粉

3. 光感腮红

光感腮红除了能使肤色红润，还会缔造更亮眼的光泽感，这是腮红中亮泽的矿物颗粒的作用。不过光感腮红更适合用在当日新娘妆和一些非平面拍摄的妆容中，因为普通摄影光线很难把这种腮红的特性表现出来，还会造成皮肤颗粒不均匀和皮屑感（图3-91）。

图3-91 光感腮红

二、腮红的位置

不同的脸形，腮红的中心位置会有所不同，而合理的定位是画好腮红的第一步。用化妆笔连接眉峰、眼梢，其延长线与颧骨的交点就是腮红的中心点，此点可作为色彩最浓郁的位置。此外还有一种简单的方法，当化妆对象微笑时，以脸颊的最高点为腮红的中心点，在耳朵前方至太阳穴的区域涂抹即可（图3-92、图3-93）。

三、不同腮红的画法

1. 圆圈腮红

这种腮红可以营造可爱的感觉，通常适合年龄比较小的人（图3-94）。

2. 斜线腮红

斜线腮红以斜向下的方向晕染腮红，这样的腮红能够使脸部显得更为消瘦。斜线腮红对于脸形已经很瘦小或过于骨感的人不是很适用，因为这会让脸形不够柔和。斜线腮红能制造提升脸形和瘦脸的效果，比较适合脸部圆润、想在纵向上进行拉伸的人，也是在一些比较时尚的妆容中比较常见的画法（图3-95）。

3. 扇形腮红

这种腮红的面积较大，不仅能修饰脸形，也能烘托气色。腮红的位置是由太阳穴、笑肌和耳朵下方三点构成的扇形。注意刷腮红的方向，要从颊侧往脸颊中央上色，这样才能让最深的腮红颜色落在颊侧的位置，从而达到修饰脸形的目的（图3-96）。

4. 晒伤腮红

与横向腮红类似，只是在面积上有所不同。一般鼻头、鼻翼的位置也会晕染上。本意是打造晒伤的效果，现在这种晕染方式会因为妆容的不同而用各种色彩的来表现（图3-97）。

5. 蝶式腮红

这种腮红晕染的面积比较大，会晕染至下眼睑及颧骨的位置，表现形式比较夸张，是一种具有创意的腮红表现形式（图3-98）。

（a）鹅蛋脸

（b）心形脸

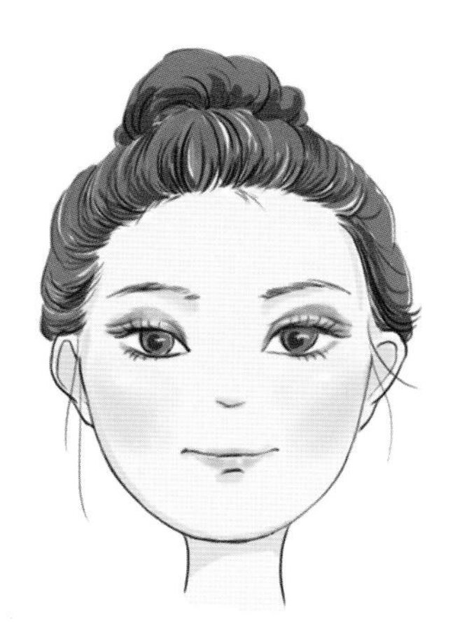

（c）圆形脸

图3-92　一般脸形腮红区域

（a）长形脸

（b）国字脸

图3-93 特殊脸形腮红区域

（a）用小号腮红刷在颧骨的高点以画圈的形式晕染腮红

（b）圆圈腮红完成

（c）腮红涂抹区域

图3-94 圆圈腮红

（a）自颧骨下方开始斜向下用棕红色腮红晕染

（b）斜线腮红完成

（c）腮红涂抹区域

图3-95 斜线腮红

（a）用腮红刷由上向下斜向晕染腮红。转折约60° 角，继续斜向下晕染

（b）扇形腮红完成

（c）腮红涂抹区域

图3-96　扇形腮红

（a）用偏红的腮红横向向鼻翼方向晕染，腮红成自然的弧状

（b）晒伤腮红完成

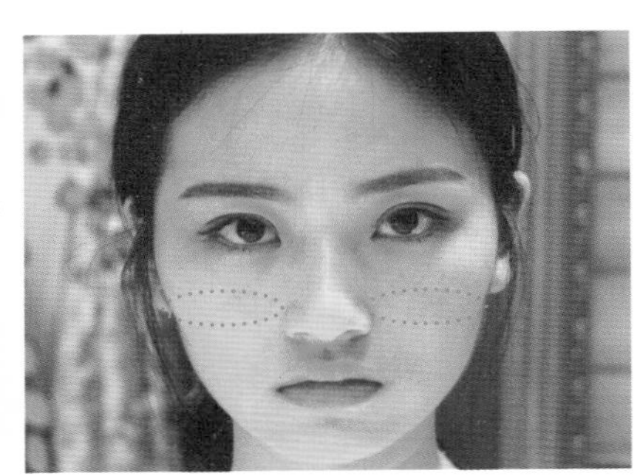

（c）腮红涂抹区域

图3-97　晒伤腮红

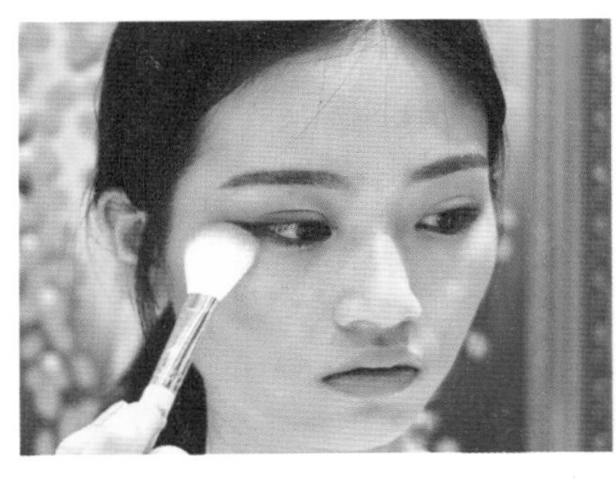

（a）斜向晕染腮红，腮红的面积扩大到颧骨及下眼睑的位置

（b）蝶式腮红完成

（c）腮红涂抹区域

图3-98　蝶式腮红

课后练习

1. 简述底妆的基本流程。
2. 尝试自己画不同类型的眼线。
3. 课后查阅相关知识，简述眉毛与发色的关系。
4. 不同唇形的人应该如何化唇妆？
5. 眉毛与脸型如何搭配？
6. 通过学习以上知识，尝试自己完成1套妆容。

第四章
发型造型

学习难度：★★★★☆
重点概念：梳发、烫发、分区、编发、包发

PPT 课件，请用计算机阅读

章节导读

发型设计的不同，决定着气质与风格的不同，发型影响着一个人的形象，不同的发型会带给人不同的气质美和形象美，由此可见发型对造型的重要性。适合自己的发型不仅可以修饰脸型与头型，还可以有视觉修饰身材的作用。发型的选择不能跟风，适合自己气质与脸型的才是最佳之选（图4-1）。

图4-1　发型造型

第一节　发型基础知识

一、造型工具

1. 包发梳

包发梳一般由6排塑料梳齿和5排鬃毛梳齿组成，整体呈向一侧弯曲的弧度。包发梳的主要作用是做包发时梳光头发表面，也可用来梳顺打结的头发（图4-2）。

2. 尖尾梳

尖尾梳用来梳理、挑取、倒梳头发，是造型中常用的工具（图4-3）。

3. 排骨梳、滚梳

排骨梳或滚梳可搭配吹风机来处理造型（图4-4）。

4. 发卡、鸭嘴夹、鳄鱼夹

发卡用来固定头发，鸭嘴夹、鳄鱼夹用于临时固定及辅助造型（图4-5）。

5. 蓬松粉

蓬松粉用于发根位置，使造型更蓬松自然（图4-6）。

6. 发胶

发胶分为干胶和湿胶，主要用来为头发定型（图4-7）。

7. 发蜡

发蜡用来为头发抓层次，配合发胶来造型（图4-8）。

8. 发蜡棒

发蜡棒作用与啫喱膏类似，只是没有啫喱膏那么亮，也没有那么强的反光，色泽比较自然（图4-9）。

9. 电卷棒

电卷棒按卷棒粗细分为各种型号，可根据发型需要选择，从而卷出不同大小的发卷（图4-10）。

10. 电夹板

电夹板有直板夹、玉米须夹等。直板夹可将头发拉直或卷弯；玉米须夹可将头发卡出小卷，增加发量

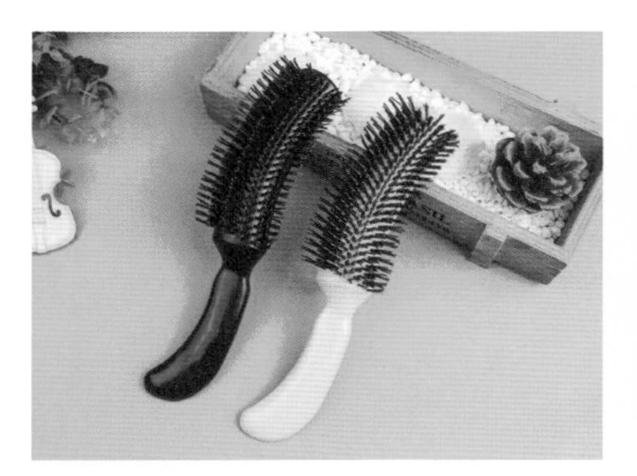

图4-2 包发梳

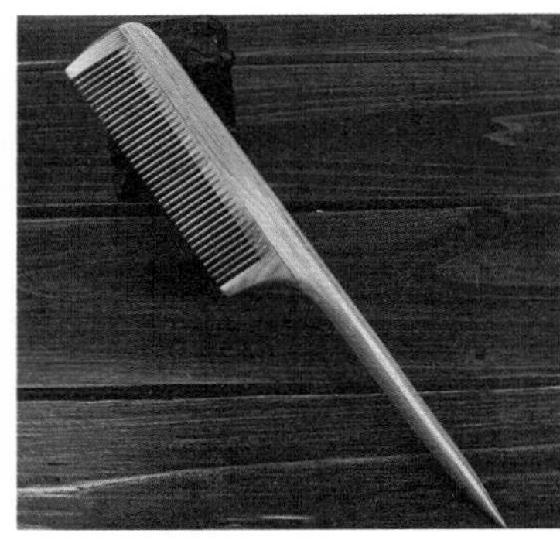

图4-3 尖尾梳

图4-4 排骨梳

图4-5 发卡

图4-6 蓬松粉

图4-7 发胶

图4-8 发蜡

图4-9 发蜡棒

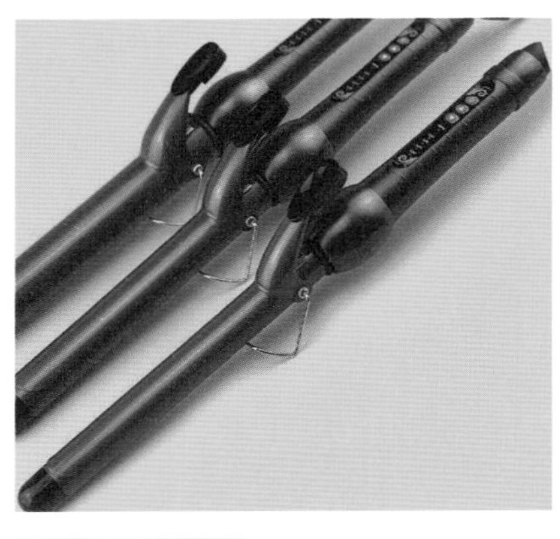

图4-10 电卷棒

（图4-11）。

11. 电吹风

电吹风主要用来为头发做吹干、蓬起、拉直、吹卷等，分为冷风、热风、定形风（图4-12）。

二、适应脸型的造型方法

单单通过化妆矫正脸形是不够的，化妆和造型是一个整体，除了要学会通过化妆矫正脸形，还要学会利用造型修饰脸形的缺陷。合适的造型不但能衬托人物气质，同时还能使人物的脸形看上去更加完美。下面介绍第一种脸形在做造型的时候需要注意的问题。

1. 鹅蛋形脸

标准的美人脸，可以胜任各种造型。在做造型的时候需要更多地考虑的是造型是不是符合人物气质和妆容的整体感觉（图4-13）。

2. 瓜子形脸

小巧的脸形，适合各种感觉的造型。如果遇到额角比较秃的情况，要考虑用刘海区的头发或饰品对其进行适当的遮挡（图4-14）。

3. 菱形脸

菱形脸需要考虑到对塌陷的颧骨位置和高颧骨的修饰。在为这种脸形做造型的时候，可以让两侧发区的头发饱满起来，并且不要做过于平滑的盘包发，那样会使突出的颧骨更加明显，使人显得凶狠、刻薄（图4-15）。

4. 正三角形脸

这种上窄下宽的脸形可以用刘海对上庭位置进行遮挡，将侧发区的头发做得饱满些，并且适当用发丝修饰过宽的下庭，使整体感觉相对均衡一些（图4-16）。

5. 长脸

长脸的人切忌做高盘发感觉的造型，那样会让脸

图4-11　电夹板

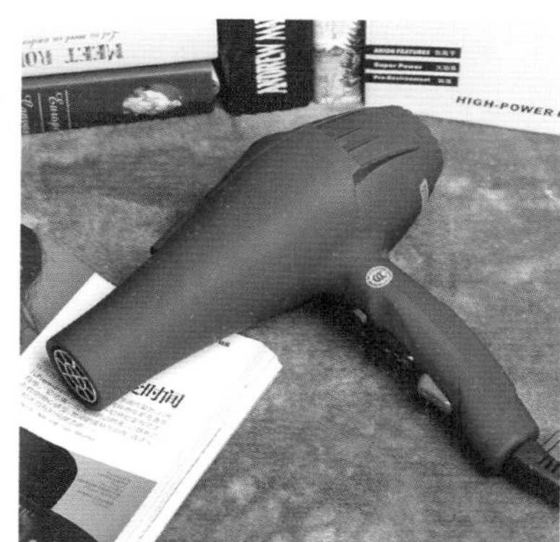

图4-12　电吹风

图4-13　鹅蛋形脸修饰

图4-14　瓜子形脸修饰

图4-15　菱形脸修饰

图4-16　正三角形脸修饰

看上去更长。可以考虑造型以两侧发区为主，在横向上拉伸脸部，使其看上去相对短一些（图4–17）。

6. 圆脸

这种脸形显得比较可爱，所以做可爱柔美感觉的造型都比较合适。如果做盘起的造型，也不要盘得过于光滑，那样会和气质不搭，并且看上去老气。如果需要盘发，可以盘得自然一些，并且向顶发区位置拉伸造型角度，这样可以在视觉上拉长脸部，提升气质感（图4–18）。

7. 国字形脸

国字形脸可以采用自然的卷发修饰棱角过于突出的下颌角。一定不要将头发处理得过于光滑，而是要做具有曲线感的造型，削弱棱角感（图4–19）。

8. 梨形脸

面对这处轮廓感不明显并且有些不对称的脸形，要适当用头发修饰比较大的一侧的脸，并且造型要上宽下窄，这样能很好地对脸部有所修饰（图4–20）。

造型只能相对地修饰脸形，无法使其绝对完美，所以在做造型的时候应以弥补的方式去修饰各种不足，而不要过度修饰，欲盖弥彰的感觉反而不会起到很好的效果。

图4–17 长脸修饰

图4–18 圆脸修饰

图4–19 国字形脸修饰

图4–20 梨形脸修饰

第二节　梳发方式

一、倒梳

梳子逆着梳头发，从发尖梳到发根。这样可以使头发变得蓬松，对于发量较少的人，更有利于做造型（图4-21）。

二、梳光

在将头发做了倒梳处理之后，头发表面会比较粗糙，这时就需要用梳光的方式来处理头发（图4-22）。

－补充要点－

倒梳不要频繁

虽然倒梳可以让头发看起来更加蓬松，但是倒梳的过程却会破坏头发的角质层，让头发变得毛躁易断，发尾分叉也跟它有关。因此，要尽量少伤害头发。

（a）拿起一片顺滑的头发

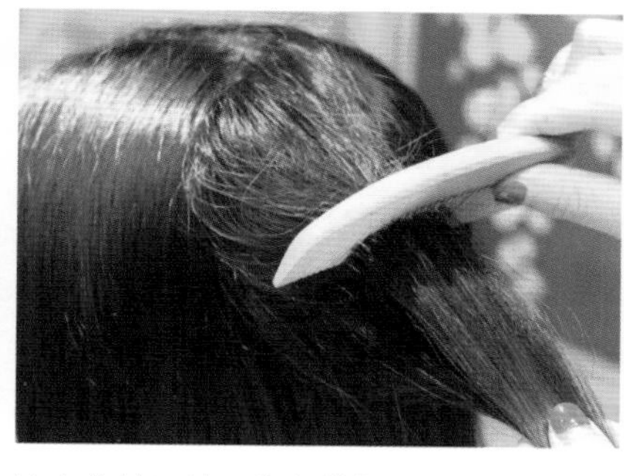

（b）将梳子从下往上带起头发，根据发型的需要选择蓬松程度，可重复三到四次

（c）倒梳完成

图4-21　倒梳过程

（a）将倒梳好的发片放置在手掌之上

（b）将尖尾梳的梳齿放置于倒梳的头发表面，梳齿微斜

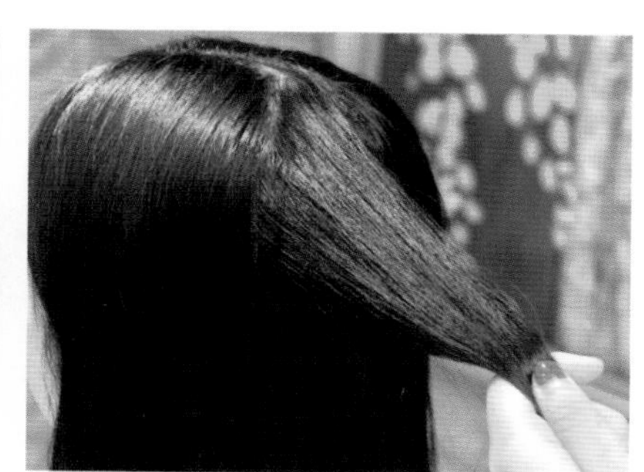

（c）梳理头发的表面，使其光滑

图4-22　梳光过程

第三节　编发

一、正反三股辫

1. 正编三股辫

取出三股头发，将其中一股头发叠加在另外两股头发中间。继续向下叠加编发，将左、右两股头发连续带向中间。边编头发边调整松紧度，一般情况下三股辫的松紧度是一致的。用皮筋将辫子的发尾扎好（图4-23）。

2. 反编三股辫

分出三股头发，反方向相互叠加在一起。边向下编边调整辫子的松紧度。收尾的时候适当拉紧头发。用皮筋固定（图4-24）。

二、三带一与三带二编发

1. 三带一编发

分出三股头发，如正编三股辫一样相互叠加。其中两股头发不继续带入新发片，剩余一股在编发的过程中连续带入新发片。在编发的过程中要不断调整辫子的松紧度。根据头发的摆放角度调整带入的头发保留的长度。在收尾的时候可以适当拉紧发片（图4-25）。

2. 三带二编发

分出三股头发，相互叠加在一起。将两股头发带入新发片，剩余一股头发不带入新发片。在相互叠加的过程中保持三股头发的松紧度一致。使新加入的

图4-23　正编三股辫

图4-24　反编三股辫

图4-25　三带一编发

发片与之前的发片保持相同的量。将编好的辫子用皮筋固定（图4–26）。

三、四股辫与鱼骨辫

1. 四股辫编发

分出四股头发，相互叠加在一起，左右各两股。相互叠加向下编发，在叠加的同时加入新发片。将右侧下边的头发向上编，叠加在右侧上边的头发上，与左侧上边的头发结合。将编好的头发适当收紧。用皮筋扎起（图4–27）。

2. 鱼骨辫

分出一股头发，用皮筋扎好。从扎好的头发中分出两股，相互叠加，边编发边继续向里加头发。注意调整辫子的松紧度。准备收尾的时候适当拉紧头发。用皮筋扎好（图4–28）。

图4–26　三带二编发

图4–27　四股辫

图4–28　鱼骨辫

第四节　烫发

一、电卷棒

不同款式的电卷棒和电夹板，打造出的造型效果也不尽相同。同一款产品使用的方式不一样，也会达到不一样的效果。下面我们对几种常用的电卷棒和电夹板的操作方法做一下具体的介绍，大家可以根据自己所需要的造型效果选择相应的产品。

1. 内扣卷

内扣卷可以很好地修饰脸型，并且会给人温婉贤淑的感觉（图4–29）。

下面简单介绍一下内扣卷的造型过程（图4–30）。

2. 外翻卷

外翻卷给人热情洋溢的感觉，适合活泼奔放的造型（图4–31）。

下面简单介绍一下外翻卷的造型过程（图4–32）。

- 补充要点 -

如何减少卷发棒对头发的伤害?

卷发棒最好要选表面有陶瓷釉面材质，不但轻松好梳理，也比较不伤发质。正确的使用卷发棒可以最大限度减少对发质的伤害，也能让造型效果更好。不要在头发还是湿的状况下使用卷发棒，卷度做出来不好看，而且头发需要的一些水分会被蒸发掉。使用卷发棒的过程中最好3～5秒就移开一下，长时间高温接触会伤害头发。选择有温度调控的卷发棒，根据自己的发质选择合适的温度。使用卷发棒前后涂抹护发精油，保护头发。自己使用卷发棒最好是挑选多功能的，比如直卷两用，三挡温控的，还有精油护发功能。

图4-29　内扣卷造型完成效果

（a）提起适量的头发，放在电卷棒上

（b）电卷棒呈立起的状态，将头发缠绕在电卷棒上

（c）将电卷棒的夹片合上，稍微停留几秒

（d）完成效果

图4-30　内扣卷

图4-31　外翻卷造型完成效果

（a）拿出一片头发放置在卷发棒上

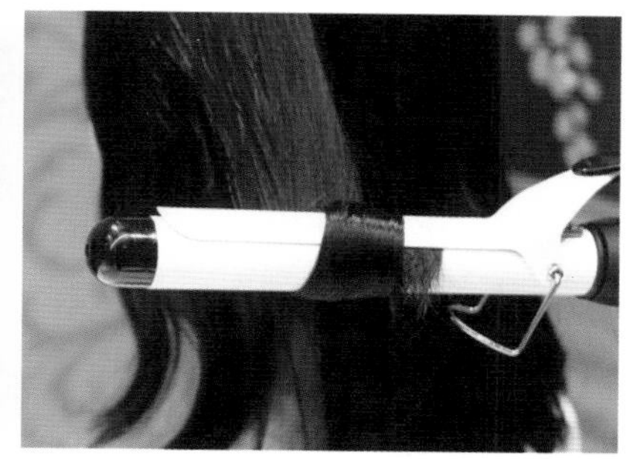

（b）横握电卷棒，将头发以上翻式卷在电卷棒上

（c）继续向上卷头发，停留几秒，使头发得到足够的热量

（d）完成效果

图4-32　外翻卷

二、直板夹

直板夹可以将头发拉直，打造直发效果（图4-33）。

1. 直发效果

直发相比卷发更有减龄的效果，偏向清纯直爽的造型风格。下面简单介绍一下直发造型的过程（图4-34）。

2. 打造卷发效果

直板夹能将头发夹出比电卷棒更自然的弯度（图4-35）。

图4-33　直发造型效果

（a）提拉起头发，使头发保持同样的松紧度。用电夹板夹住头发，尽量靠近发根

（b）将电夹板向下拉

（c）拉至发尾放开。为了效果更好，可以重复拉1到2次

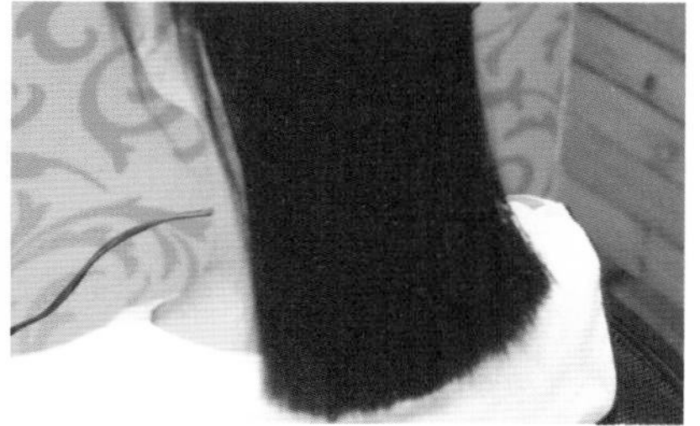

（d）完成效果

图4-34　直发效果

(a)提拉起一片头发，用电夹板夹住，注意电夹板的角度

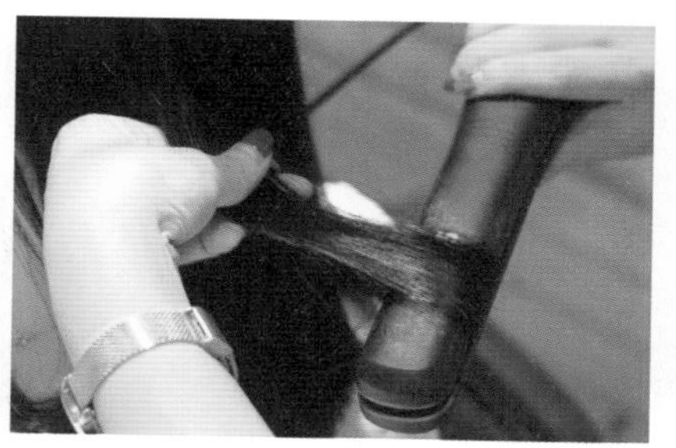

(b)变化电夹板的走向，将头发带出弯度，停留片刻后放开

(c)完成效果

图4-35 卷发效果

第五节 发型造型案例解析

一、新娘编发造型

此款发型重点在后面，华丽的多股编发使发型突显立体感，插珠发饰给发型增添了亮点（图4-36）。

二、韩式小清新编发造型

此款发型简单实用，适合日常生活。炎热的夏日，编发造型清爽又俏皮（图4-37）。

(a)分别从两侧拿起一股头发，扎在后脑中间

(b)分别从两侧拿起一股头发，从内向外拿出

(c)将拿出的两股头发扎在一起

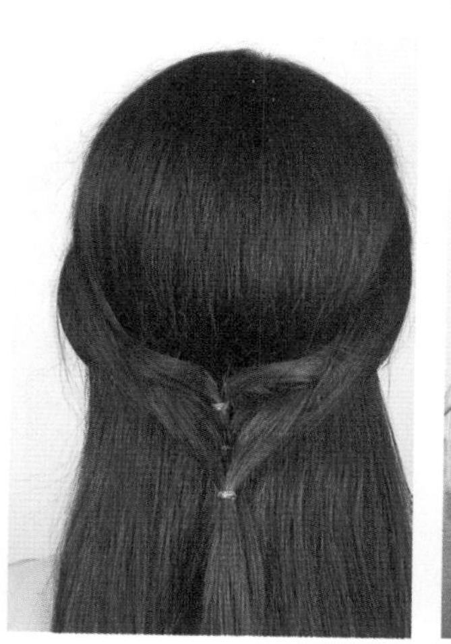

(d)重复以上步骤

(e)扎至发尾三分之一处

（f）将扎起的头发向两侧拉松

（g）重复以上步骤

（h）全部拉松完成

（i）将发尾向内侧卷入扎紧。然后在皮筋处插上发饰。新娘编发造型完成

图4-36 新娘编发造型

（a）将头发用卷发棒做卷

（b）从前额中间的头发开始编发，使用三带二编发方法。编至中间位置，用皮筋扎紧

（c）将编好的头发拉出蓬松感

（d）将编好的辫子卷起来盘在头顶，用发夹固定

（e）编发造型完成

图4-37 韩式小清新编发造型

课后练习

1. 简述发型造型中需要的工具有哪些。
2. 有哪些编发技巧?
3. 刘海造型有哪些?
4. 发型对脸型的修饰效果如何表现?
5. 在进行烫发造型的时候，要注意哪些细节?
6. 课后查阅相关资料，简述民国时期女性流行的发型特点。

第五章
美甲造型

学习难度：★★★☆☆
重点概念：色系、工具、甲形、美甲流程

PPT课件，请用计算机阅读

章节导读

美甲是一种对指甲进行装饰美化的工作，又称甲艺设计。美甲是根据客人的手形、甲形、肤质、服装的色彩和要求，对指甲进行消毒、清洁、护理、保养、修饰美化的过程。美手、美甲文化起源于人类文明的发展时期，最早出现在人们的宗教、祭祀活动中，人们将手指、手臂画上各种图案，求神灵赐福，祛除邪恶。无论是哪个民族、种族，对美的向往和崇敬之心都是相同的。在不断的追求中，技法和方式在不断地更新，美甲材料也更加健康、环保，满足不同人群的美的需求（图5-1）。

图5-1　美甲艺术

第一节　美甲基础知识

一、美甲工具

美甲工具是用于提供美甲的器具，随着美甲行业的发展，美甲的工具越来越专业，品种也越来越多。

1. 指甲刀

指甲刀主要用以修剪所有类型的指甲，包括水晶指甲和天然指甲。在洗净双手之后，先用平头指甲剪剪出所需的长度，如指甲两侧的甲沟太深，且往甲沟方向长，应用斜面指甲剪掉两边的指甲。注意在剪指甲时不管是用平头指甲剪，还是斜面指甲剪，都不可剪的太深，如经常把指甲剪的较深，那么甲床会变得越来越短，这样会影响指甲的美观，尤其是女性。在修方形指甲时指甲前端的两个角不要剪去（图5-2）。

2. 指皮钳

用指皮钳剪去刚推完的死皮、肉刺，使手指显得美观整齐。使用死皮钳时应注意不可拉扯，应直接剪断，以免损伤指皮，且不可剪得太深（图5-3）。

3. 塑料或鬃毛刷子

用于手部护理时清洁指甲及水晶指甲。磨过指甲后，可用刷子刷去指甲上的粉屑（图5-4）。

4. 抛光锉

一般按照黑，白，灰的使用顺序依次抛光，黑色面可抛去指甲表面的角质，白色面可把指甲表面抛得更细，灰色面可把表面抛亮，经过这三道程序后指甲即会显得晶莹亮泽。如果甲盖较薄，不可用四面抛光块最粗的那一面抛，否则指甲会越抛越薄。抛光时切勿来回摩擦，因为摩擦所产生的热度会令人不适（图5-5）。

5. 小镊子

用于夹持指甲片、钻石，或夹住指甲皮以便修剪（图5-6）。

6. 泡手碗

将泡手液或温水倒入泡手碗中，先浸泡左手，五分钟后再换右手，这样既可清洁指甲，又可松软指皮。泡手碗里不可放入凉水和太热的水（图5-7）。

图5-2 指甲刀

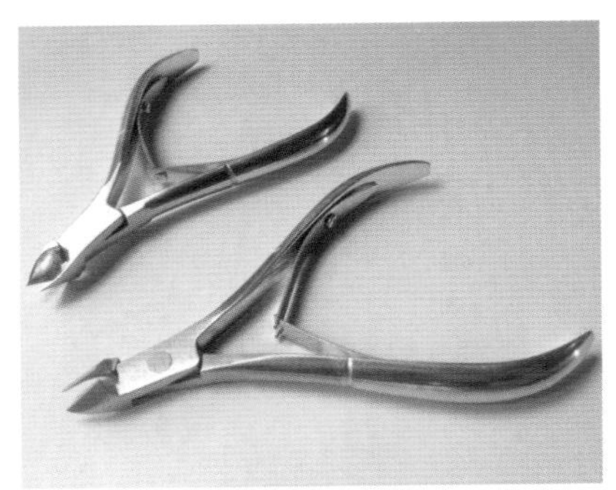

图5-3 指皮钳

图5-4 塑料或鬃毛刷子

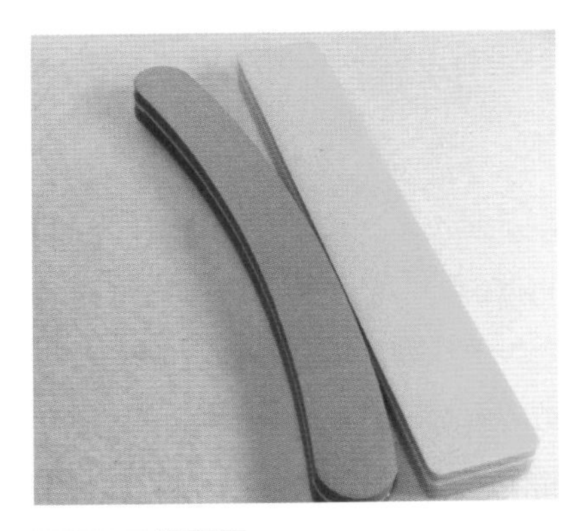

图5-5 抛光锉

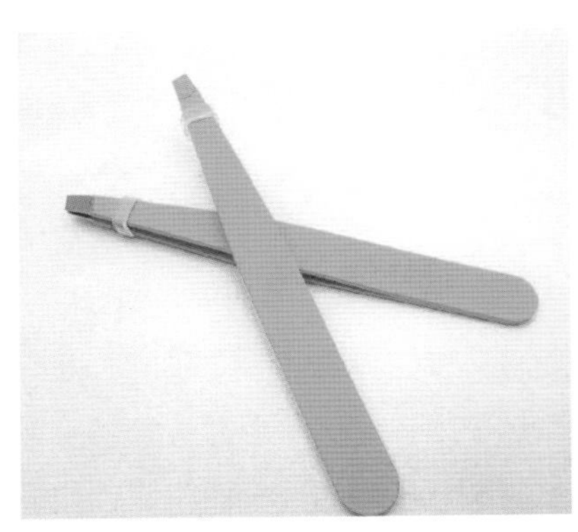

图5-6 小镊子

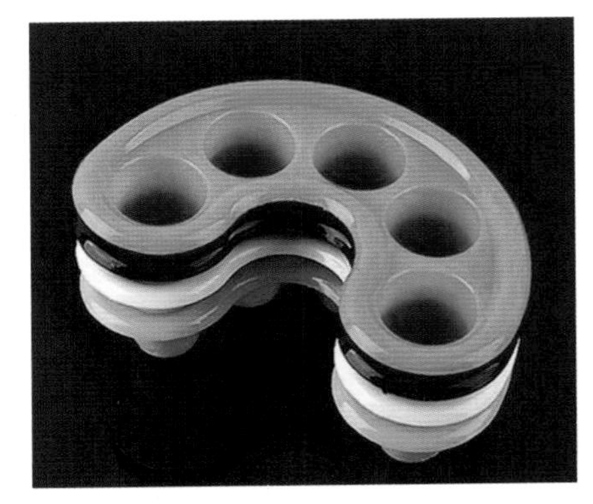

图5-7 泡手碗

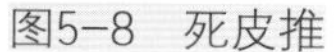
图5-8 死皮推

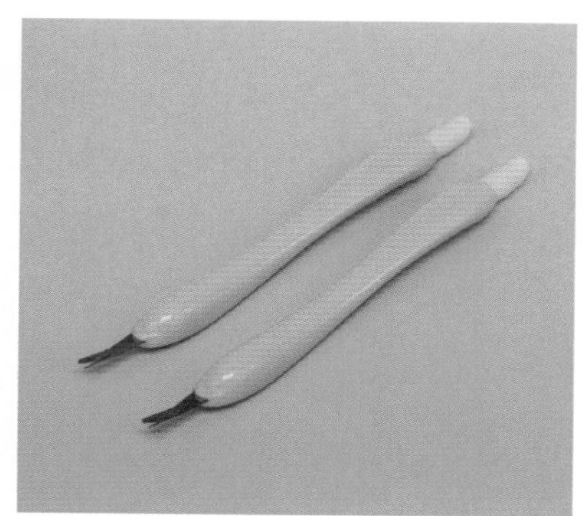

图5-9 死皮叉

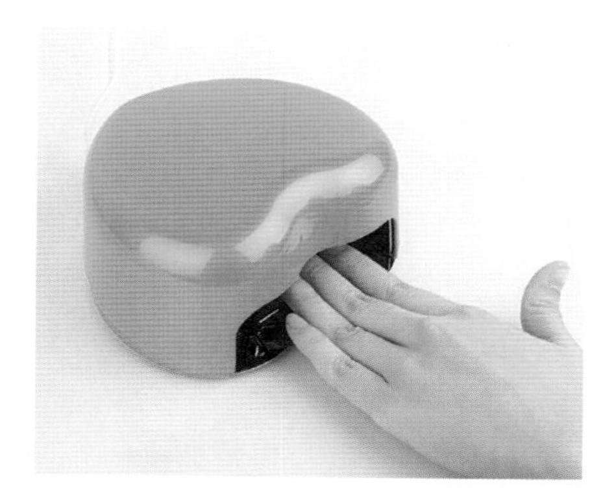

图5-10 光疗灯

7. 死皮推

美甲店常用多为钢推棒，用椭圆扁头的一面将手指上老化的指皮往手心方向推动，以使甲盖显得修长。再用另一头的刮刀刮净残留在指甲上的角质。推死皮时应用力适度，不可用力过猛，以免损伤甲基，否则会影响指甲的生长（图5-8）。

8. 死皮叉

死皮叉用于指甲两侧的死皮，把死皮叉顺着指尖的方向依次修剪。不可用力来回修剪，以免叉伤皮肤（图5-9）。

9. 光疗灯

光疗灯有两种，一种是紫外线灯，一种是LED灯，专用于美甲工序中光疗胶的烘干。紫外线对细菌有杀伤力、对人体也同样有一定的伤害，主要是皮肤和眼角膜，建议勿直视灯管（图5-10）。

二、颜色选择

美甲颜色的选择是美甲过程中最为重要的一步，面对纷繁复杂的颜色，大多数人难以抉择。在选择美甲颜色的时候要充分考虑自身的手的状态，例如手的颜色、手指的粗细、指甲的长短等，另外还要考虑年龄因素。从色系上来说，肤色偏黑的女性选择暗红、豆沙等深色系列较为合适（图5-11），而皮肤白皙的女性使用亮色系列或无色透明指甲油会很漂亮，浅色系的指甲油会使手指看上去显得纤细修长，粉红色和灰棕色会柔和手部轮廓（图5-12）。总的来说，选择适合自己的美甲颜色会令美甲成果事半功倍。下面简

图5-11 暗红色系

图5-12 浅色系

单介绍几种常见美甲颜色搭配。

1. 透明主色+浅色系

以透明指甲油为主色的款式是非常百搭型的。可选择高贵典雅的浅灰相互搭配（图5-13），不仅显得手指修长白皙而且还非常有气质。除了灰色，粉色也是不错的选择，充满着青春活力。透明指甲油其实和任何颜色的指甲油都能轻松搭配（图5-14）。

2. 深色主色+金色系

深色系中的深蓝和黑色都显得比较沉闷无新意，但是如果配上闪耀的金色系搭配就会让整个美甲造型眼前一亮，但却又不张扬，非常有内涵（图5-15）。深蓝和黑色这两款美甲底色能搭配金色，深灰色，墨绿色，大红色等深色系列的美甲颜色都能搭金色，是一种很优雅的美甲搭配颜色（图5-16）。

3. 桃红主色+裸粉系

粉嫩的桃红色是不少女生喜欢的美甲颜色，但是再加上裸粉系色彩的搭配会让整个美甲造型透明光亮，可以选择把这两个色系一起配搭成法式美甲（图5-17），也可以分别晕染在每个手指上，不仅不会觉得眼花缭乱反而会更显大气。这样的色系搭配会给人一种舒服干净的感觉（图5-18）。

4. 黑色主色+红色系

无论是黑色还是红色的美甲造型都是最为时尚经典的（图5-19）。然而这两种色彩的撞击则带来了一种新的视觉享受。红黑的相互晕染则神秘莫测，非常地迷惑人心，在时尚经典的基础上又增添了一丝冷艳的感觉（图5-20）。

5. 彩虹颜色+透明色

彩虹的七彩颜色就是美甲各个颜色系列的主色（图5-21），这几种颜色也能够相互晕染搭配（图5-22）。色彩斑斓的美甲颜色搭配新颖独特，给人一种相当前卫的感觉，再加以透明指甲油的提亮，整体造型非常夺目。

图5-13　透明色系

图5-14　透明色与亮片

图5-15　金色与深蓝色

图5-16　金色与暗红色

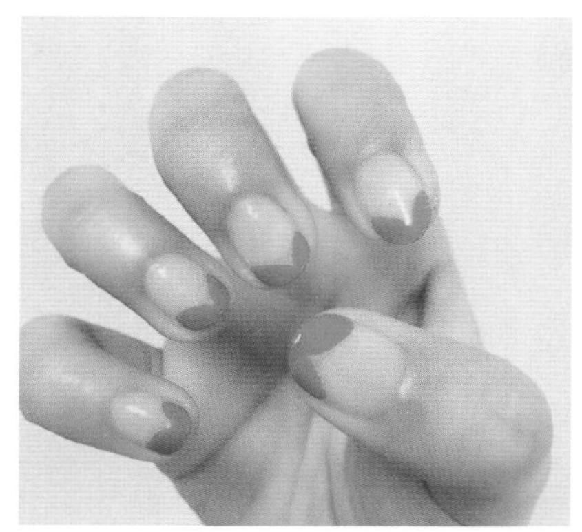

图5-17　法式

图5-18　晕染

图5-19　黑色

图5-20　红黑搭配

图5-21　相互搭配

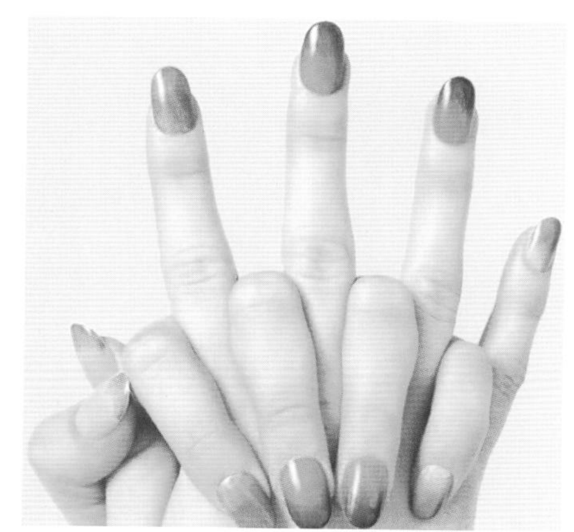

图5-22　相互晕染

三、美甲种类

1. 彩绘美甲

用专用的美甲颜料，例如“丙烯颜料”在甲面上描绘构图。画各种手绘图案花草风景人物卡通等（图5-23）。

2. 贴片美甲

用指甲专用胶水，将全贴或半贴甲片贴在指甲表面，从而造就修长甲型，弥补手型不美的遗憾，缺点是透气性差（图5-24）。

3. 浮雕美甲

用雕花粉雕出立体的图案，浮雕美甲很有艺术美感，一般在特殊场合才会做，如婚礼，宴会，秀场等，因为雕花甲比较突出，平常工作和家务会不便（图5-25）。

4. 水晶美甲

用水晶液和水晶粉造就优美甲型，可塑性强可以延长指甲，特点是坚固耐磨，不易断裂（图5-26）。

图5-23 彩绘美甲

图5-24 贴片美甲

图5-25 浮雕美甲

图5-26 水晶美甲

图5-27 光疗美甲

图5-28 甲油胶美甲

5. 光疗美甲

光疗美甲是利用紫外线将天然树脂聚合于真甲表面，做出坚韧光洁的指甲。不伤真甲反而能增加指甲本身的强度，只要每二至三周进行一次指甲修补，便可拥有甲型优美，晶莹通透的指甲，即使平日涂上普通甲油，甲油会因为有了树脂打底而变得不易脱落，方便打理（图5-27）。

6. 甲油胶美甲

甲油胶是一种类似于指甲油的胶状物，用烤灯烤干，但不如光疗的色泽和硬度高，比光疗的保持时间短一些，大概半个月左右（图5-28）。

四、甲形

总体来说，甲型分为以下5种款式：椭圆形、方圆形、方形、圆形和杏仁形。比较受欢迎的是椭圆与方圆形和杏仁形，因为会显得手指比较长。不过具体哪种更好，还是要以原本的手型为参考，只有照着手型选择合适的甲型，才能起到最好的衬托效果。

1. 椭圆形指甲

椭圆形的指甲［图5-29（a）］从游离缘开始，到指甲前端的轮廓呈椭圆形，属传统的东方甲形。椭圆形以它的优雅颇受女性的青睐，适合各种宽窄的甲床，长出甲床的部分可以营造一个优美的指尖。

如何修出椭圆形的指甲：从两侧向中间水平打磨，直至两侧对称，继续从边缘向中央打磨，使得指甲外缘呈现椭圆形即可。

2. 方圆形指甲

方圆形的指甲［图5-29（b）］前端和侧面都是直的，棱角的地方成圆弧形轮廓，这种看上去很结实的形状会给人以柔和的感觉，对于骨节明显，手指瘦长的人，方圆形可以弥补不足之处。兼具了椭圆形指甲的优雅和方形指甲的干练，方圆形指甲算得上是最人气的指甲形状了。这种指甲形状适合绝大多数人，可谓是理想的指甲形状。

如何修出方圆形的指甲：首先打磨出方形甲。具体操作室从两侧向中间分别打磨，两侧打磨出九十度直角。将两侧的直角磨圆，直至指甲外缘呈现椭圆即可。方圆形指甲的特点是两侧依然可见明显的直线，不要将边角磨得太圆滑。

3. 方形指甲

方形指甲［图5-29（c）］是经典的法式美甲的基本形状。这种形状的指甲两侧为直线，边角锐利，适合比较强势的女性。方形指甲适合指甲较长，甲床较大的指甲，可以从视觉上收窄指甲，显得手指更加纤细。

如何修出方形的指甲：从两侧向中间水平打磨，两侧打磨出九十度直角。打磨至长度和形状满意后，倾斜指甲锉，将两边的直角稍微斜向打磨一下即可。

4. 圆形指甲

圆形指甲［图5-29（d）］短小可爱，适合那些想留短指甲，或者不愿意太费心造型的人。这种形状的指甲适合比较宽的指甲，可以让甲床显得更加细窄，从而在视觉上收窄指甲。

如何修出圆形的指甲：从两侧向中间水平打磨，直至两侧对称。将边缘开始拐角的部位磨成明显的圆弧。

5. 杏仁形指甲

前卫的杏仁形指甲［图5-29（e）］最适合搭配水晶甲或艺术美甲，而且在中欧和亚洲都很流行。但是杏仁形指甲不是人人都适合尝试的，它会让指甲变得更细长，所以如果天生的指甲形状过大或过小，或手指生得较粗壮的人，都不太适合这种指甲形状。

如何修出杏仁形的指甲：仔细打磨指甲两侧，呈现两边对称、向上越来越细的形状。从两侧向中央打磨出锥形，直至得到满意的效果。

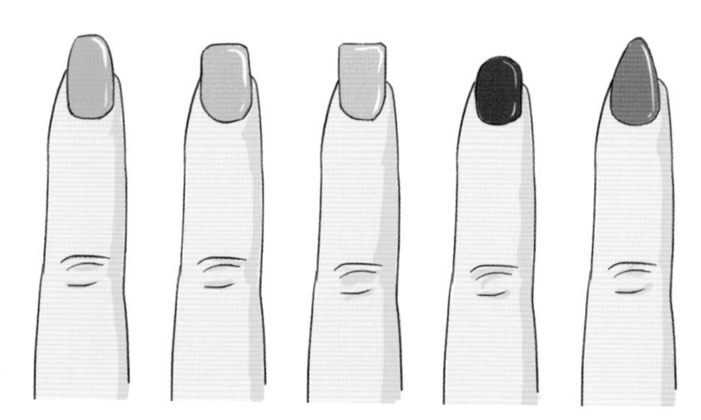

（a）椭圆形（b）方圆形（c）方形（d）圆形（e）杏仁形

图5-29 甲形

- 补充要点 -

频繁美甲伤害大

1. 美甲可损伤指甲体和甲床

美甲可损伤指甲体和甲床，导致指甲损伤，甚至指甲和下面的甲床皮肤分离，出现甲剥离症，最终导致甲床变短。

2. 致癌危险

指甲油中有一种化学物质叫邻苯二甲酸酯，且含量很高，它主要起到软化作用。这种物质会通过呼吸系统和皮肤进入人体，如果过多使用，会增加女性患乳腺癌的几率。

3．可致流产

指甲油中普遍含有一种叫“酞酸酯”的物质，这种物质有可能导致胎儿畸形和流产。

4．感染甲沟炎和灰指甲

美甲的第一个步骤通常是去指甲小皮、锉指甲，除掉或推后顾客指甲上的小皮，甚至去除，这对于指甲本身是一个伤害。在贴仿真指甲前，美甲师往往会先把指甲表层用锉刀锉掉一层，这样就破坏掉了指甲表膜，如果加上器械不干净，很容易被病毒真菌感染，形成“灰指甲”。

第二节　美甲制作方法

一、基本流程

1. 涂底胶

先修剪打磨指甲，涂一层薄薄的底胶，涂好底胶放进光疗机烤3分钟（图5-30）。

2. 涂甲油胶

烤好底胶后涂1层甲油胶，烤2分钟（图5-31）。

3. 重复涂甲油胶

重复上一步，有的甲油胶颜色浅可能要多涂几层，根据具体颜色来判断。

（a）

（b）

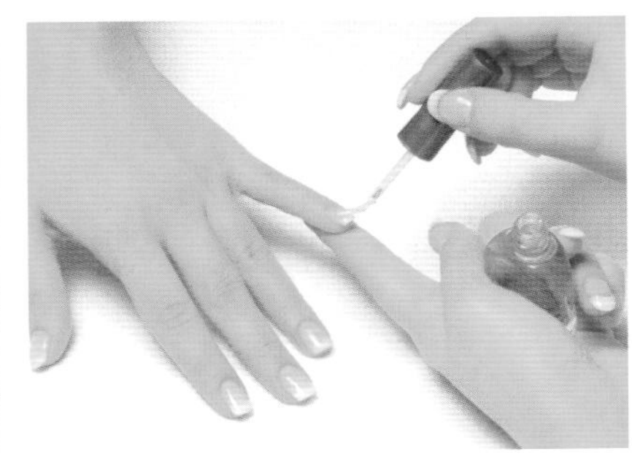

（c）

图5-30　步骤一

（a）

（b）

图5-31　步骤二

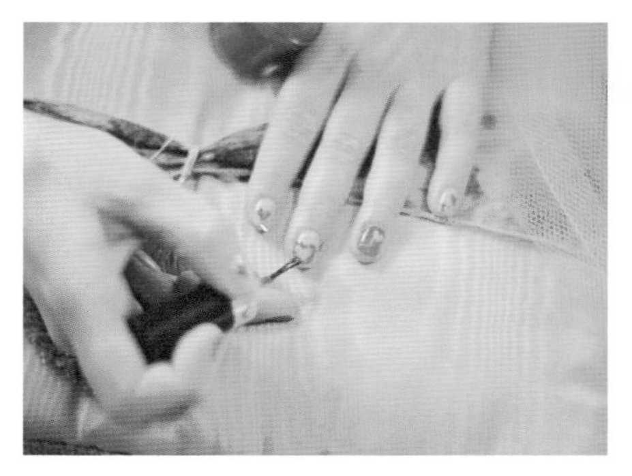

图5-32　彩绘

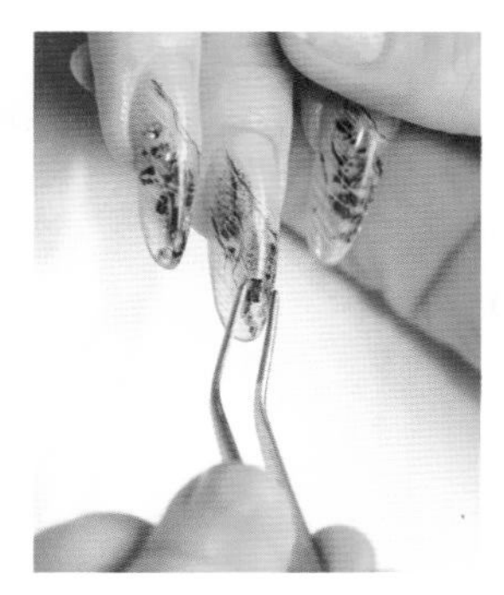

5-33　镶钻

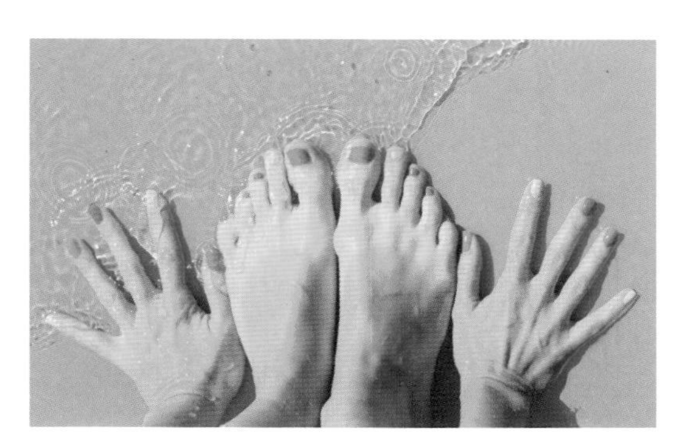

图5-34　脚趾甲与手指甲

4. 涂封层

涂1层薄薄的封层烤3分钟。

5. 用清洁剂洗掉封层

剩下的彩绘（图5-32），贴花，镶钻（图5-33）可根据自己的喜好来自由发挥。美甲和彩妆一样，重在实际操作和创造，技巧，无数的想象和发挥成就了现在美甲的丰富多彩。

脚趾甲与手指甲的大小不同，所以修剪时理应使用相应大小的指甲钳。合适的指甲钳会有助剪出来更美观的甲形。如果只使用一个指甲钳，使用前后应用酒精抹擦消毒，因为脚趾甲常在局促潮湿的鞋中，会使细菌容易滋生（图5-34）。

二、后期保护

常做美甲的人，指甲会出现指甲变色、变脆弱等问题。后期对指甲的维护显得尤其重要。

1. 清洁透气

指甲在甲片的包裹下已经很长时间没有透气了，在卸除指甲的过程中也会有残留的杂质遗留在指甲上，这时候第一步就是要做好指甲的清洁工作，清洁干净指甲后指甲才能很好地透气，得到放松的状态。

2. 涂抹针对指甲的营养精华

指甲经过一整个卸除的过程后已经非常的脆弱，营养流失也非常严重，必须要给予足够的营养补充。现在很多品牌也有针对性的指甲精华液，可以在清洁工作完成后涂抹。方法是：倒取适量指甲精华液于指甲上，用手轻轻按摩至完全吸收即可，可重复使用一次，使营养加强。

3. 给指甲足够的休息时间

这一点看起来虽然很简单，但是很关键。做完一次甲片卸除后一定要给予指甲足够的休息时间。真指甲需要一个逐渐恢复的过程，必须给它足够的时间才可以，否则连续的卸除再做甲片，会很伤指甲，到最后如果发展严重的话整个甲片会薄如一层纸。

- 补充要点 -

法式美甲

法式美甲是指在指甲的前缘部分用单色指甲油清晰、准确地描画出一条具有完美弧度的边线，并且一双手的边线宽窄和弧线要求保持视觉上的一致性。法式美甲因其外观简洁清爽而受众多女性的喜欢，是常用的彩妆指甲制作技法之一。它既不张扬炫耀又小有点缀的风格使其风靡全球，成为全世界都通用的美甲语言。在法式美甲的基础上又逐渐衍生出了多种花式的法式美甲风格。

第三节　美甲案例解析

一、法式美甲

做法式指甲最难的是前端的微笑线非常难画，不过最近市面上有种法式贴纸，有了这个贴纸，画微笑线将会简单很多（图5-35）。

二、彩绘美甲

彩绘美甲是用专用的美甲颜料比如“丙烯颜料”在甲面上描绘构图。对于初学者有较大难度，但对于简单的花型和线条还是易于掌握的。并且可根据自己的兴趣爱好即兴创造（图5-36）。

图5-35　法式美甲

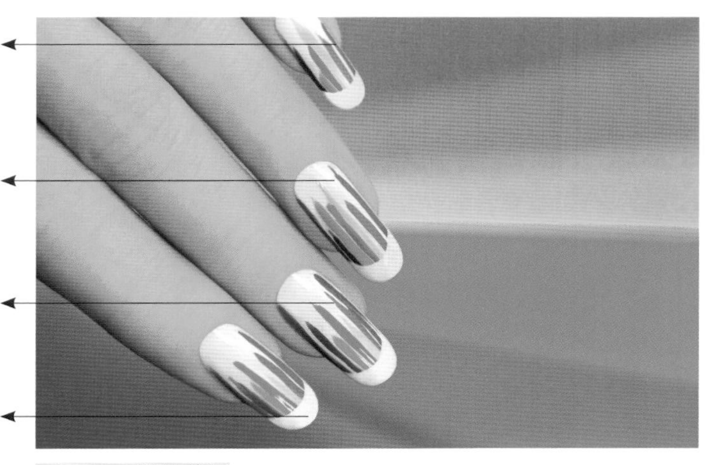

图5-36　彩绘美甲

三、彩绘亮片美甲

此款美甲将彩绘与亮片结合，充满趣味性。随意的图案适合新手，要求没有那么严苛（图5-37）。

四、贴钻美甲

此款美甲夸张又有节制，日常生活中也可使用。因为贴钻的关系，甲油胶比较简单，颜色也较为单调，更能衬托出钻片的华丽（图5-38）。

图5-37　彩绘亮片美甲

图5-38　贴钻美甲

课后练习

1. 简述美甲的含义。
2. 美甲有哪些工具？
3. 简述美甲的大致流程。
4. 完成后的美甲应如何维护？
5. 课后查阅相关资料，谈谈美甲在各国的历史发展。
6. 脚趾美甲与手指美甲有什么区别？

第六章
手工饰品设计与制作

学习难度：★★☆☆☆
重点概念：制作工具、制作材料、制作方法

PPT课件，请用计算机阅读

章节导读

制作手工饰品，作为一种生活态度，在欧美风靡已久，在国内，也悄然兴起。手工饰品制作就是动手制作饰品，手工饰品制作中，最重要的是动手之前确定饰品样式雏形。这个雏形可以是画在纸上的，也可以是根据某张图片带来的灵感想象出来的。在制作的过程中，饰品与最初的雏形会有少许不同，但饰品制作的最终目的是打造出最完美的饰品样式（图6-1）。

图6-1　饰品造型

第一节　制作基础

一、制作工具

1. 缝纫线

饰品是由多种材料和部件组成的，缝纫线可以用来将这些材料缝合在一起（图6-2）。

图6-2　缝纫线

2. 剪刀

剪刀可以用来剪线头、花边、布料等，修整形状或去除不需要的部分（图6–3）。

3. 胶枪、胶棒

胶枪配合胶棒使用，通过加热熔化胶棒，用来粘贴珠子、水钻等（图6–4、图6–5）。

4. 手缝针

手缝针与缝纫线结合，用来缝合，可根据所要缝的东西的不同及穿线股数的不同，选择不同粗细、长短的手缝针（图6–6）。

5. 水晶线

水晶线类似于鱼线，一般用来做串珠（图6–7）。

6. 铁丝

铁丝有粗细、软硬之分，可根据自己的需要选择相应的铁丝。一般比较硬的铁丝用来做饰品的骨架（图6–8）。

7. 小弯卷钳

小弯卷钳用来将铁丝弯出环口，根据想弯的环口的大小选择弯卷的位置（图6–9）。

8. 小切口钳

小切口钳用来剪断铁丝等比较坚硬的东西（图6–10）。

图6–3 剪刀

图6–4 胶枪

图6–5 胶棒

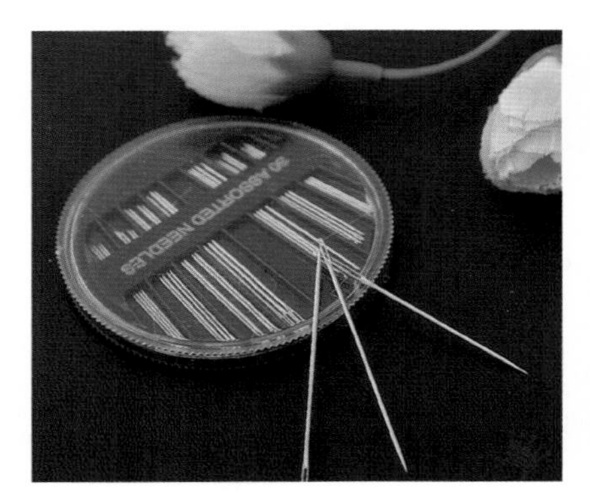
图6–6 手缝针

图6–7 水晶线

图6–8 铁丝

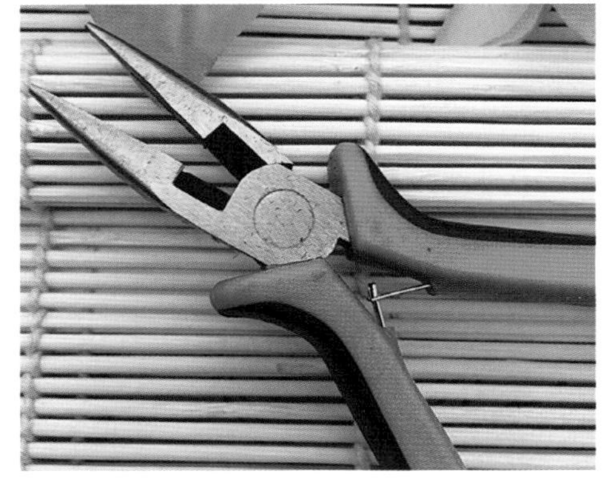
图6–9 小弯卷钳

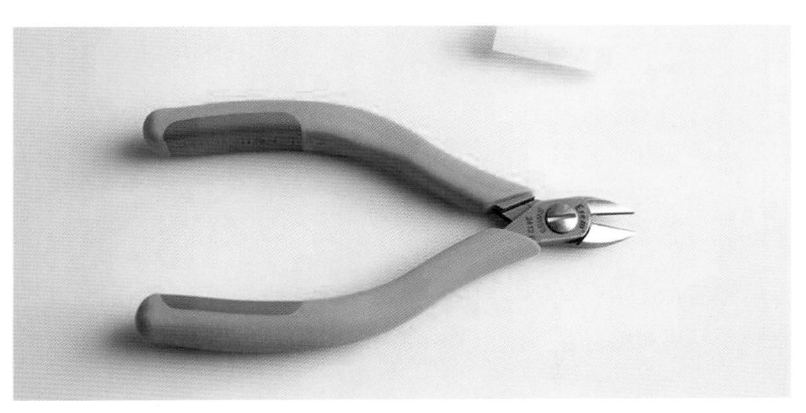
图6–10 小切口钳

二、制作材料

手工饰品制作材料多种多样，有时候可以从一些废旧的饰品中挑选可用的材料，使其焕发新的生命力。目前比较常见又易于采购的材料有以下种类。

1. 水钻

水钻可以粘贴或缝制在饰品上，有大小及形状之分。比较常见的水钻形状有水滴形、椭圆形、圆形、眼睛形等（图6-11）。

2. 彩钻

彩钻特点与水钻类似，只是色彩比较多样，可以使饰品的色彩更加丰富（图6-12）。

3. 水钻饰物

水钻饰物是由水钻组合而成的饰品，感觉比较华贵，一般用于点缀饰品，或作为饰品的中心（图6-13）。

4. 水钻链子

顾名思义，水钻链子是由水钻连接而成的链子。水钻大小和链子粗细各不相同，用作饰品的装饰和衔接（图6-14）。

图6-11 水钻

图6-12 彩钻

图6-13 水钻饰物

图6-14 水钻链子

5. 水钻流苏

水钻流苏是由水钻组成的多条链子垂落而形成的，可以作为饰品的装饰（图6-15）。

6. 平口珍珠

平口珍珠就是半颗珍珠，这样的珍珠更适合在饰品上粘贴（图6-16）。

7. 珍珠

珍珠一般有大小之分。可以根据需要将其用针线缝在饰品上，也可以用胶枪粘贴（图6-17）。

8. 彩色珍珠

彩色珍珠与珍珠的特点类似，只是色彩比较多样，在古装饰品上用彩珠的情况比较多（图6-18）。

9. 羽毛

可以将羽毛剪出合适的长短，粘贴在饰品之上（图6-19）。

10. 布料

布料的品种很多，比较常用的是缎面布、网眼布等，可以根据饰品制作需要选择（图6-20）。

11. 绢花

可以将绢花的花瓣剪下来再粘贴成新的样式（图6-21）。

12. 缎带

缎带的色彩很多，有白色、红色、紫色等，可以将其折叠之后缝合成花形效果（图6-22）。

13. 古装辅料

古装辅料的样式很多，一般以金属质感为主。常见的色彩是金色、银色和红色。可根据饰品制作的需要选择合适的样式使用（图6-23）。

图6-15 水钻流苏

图6-16 平口珍珠

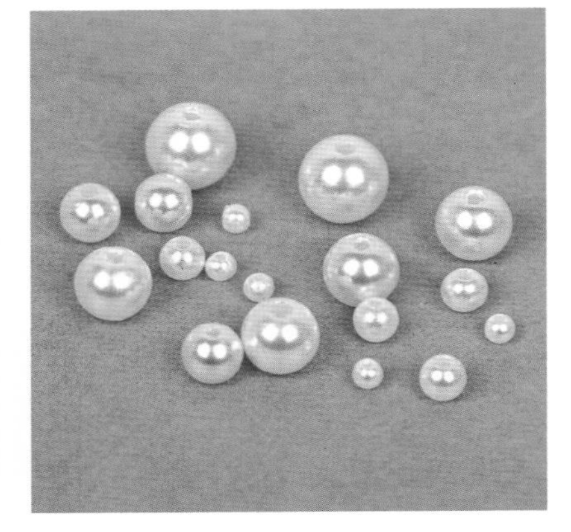

图6-17 珍珠

图6-18 彩色珍珠

图6-19 羽毛

图6-20 布料

图6-21 绢花

图6-22 缎带

图6-23 古装辅料

第二节 手工饰品制作案例解析

手工饰品制作的材料可以在网上购买，品种比较齐全，质量也较为优良，图6-24为模特试戴饰品示意图。

图6-24 模特试戴饰品示意图

一、新娘耳饰制作

新娘的耳饰要显眼、突出，还要能修饰新娘的脸型，与喜庆的气氛融合（图6-25）。

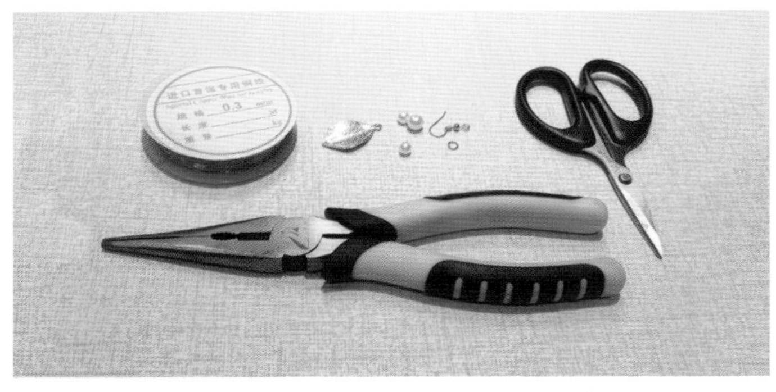

（a）材料准备:2颗小珍珠,1颗大珍珠。1片金属树叶，耳环配件，小弯卷钳，剪刀，0.3mm镀金金属线

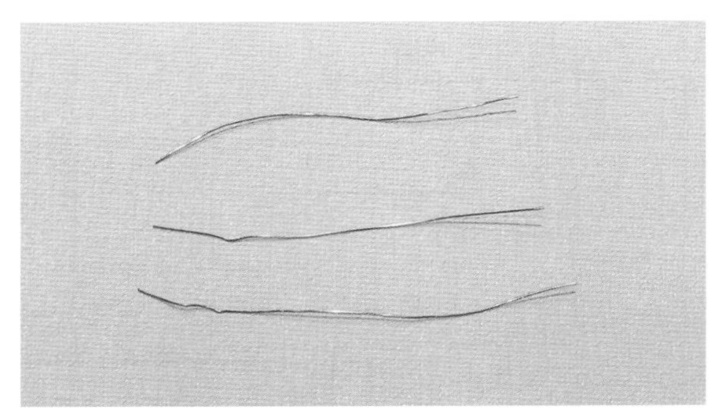

（b）用剪刀剪下3段长度大约70mm的金属线

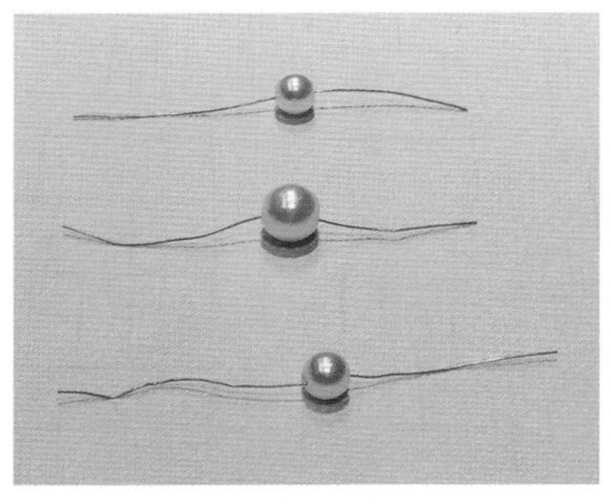

（c）将金属线穿进3颗珍珠中，珍珠放于中间

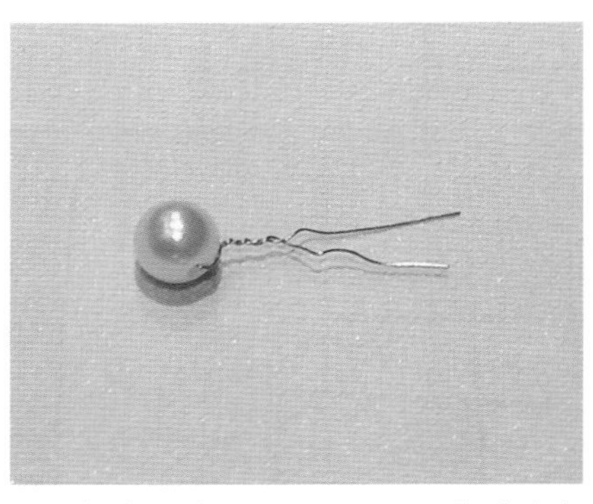

（d）将金属线对折，用钳子夹住珍珠底端的金属线，旋转绕紧

（e）全部拧紧效果

（f）将耳环配件与金属树叶拼接在一起

（g）将最大的珍珠固定在耳环中间位置

（h）小的珍珠分别固定在大的珍珠两侧

（i）耳环完成图

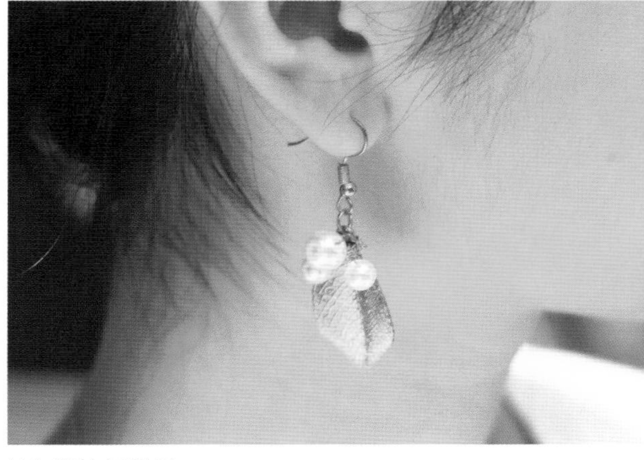

（j）模特佩戴图

图6-25　新娘耳饰制作

二、新娘发钗制作

新娘的发钗比较华丽，需要配合盘发及编发造型使用，常用于传统服饰的搭配（图6-26）。

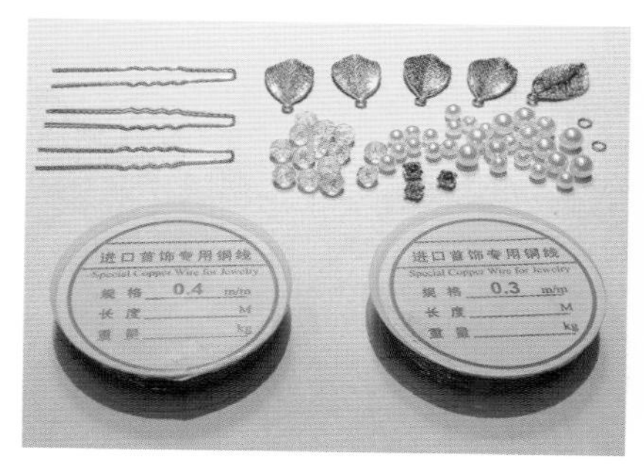

（a）材料准备：若干大、小珍珠，若干水晶珠。3颗钻石、5片金属树叶、发钗配件。钳子，剪刀，0.3mm、0.4mm镀金金属线

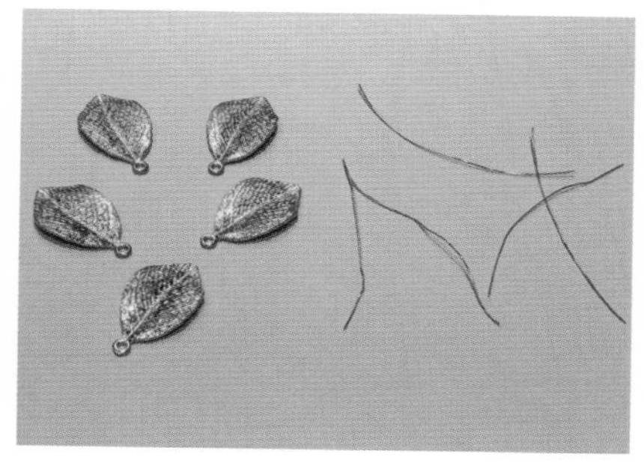

（b）用剪刀剪下5段长度大约60mm的金属线

（c）将金属线穿进金属树叶中，用钳子旋转拧紧

（d）将金属树叶固定在发钗配件上

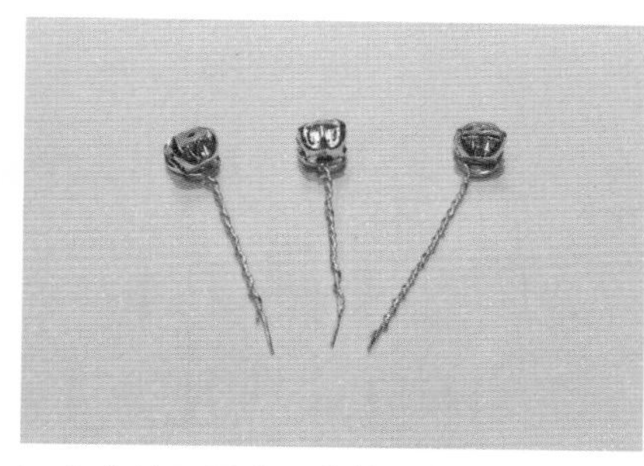

（e）将钻石用金属线旋转拧紧

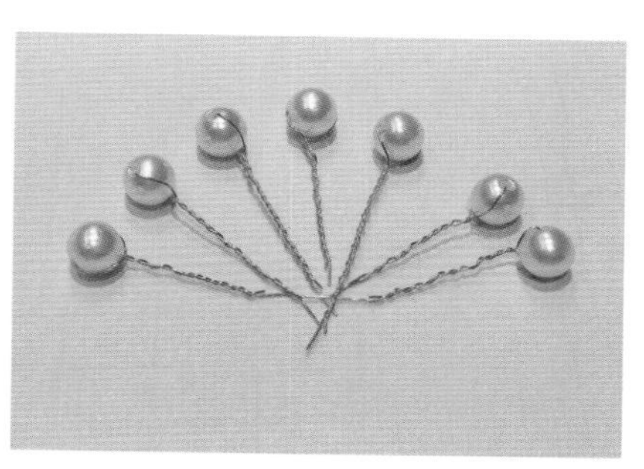

（f）将大珍珠用金属线旋转拧紧

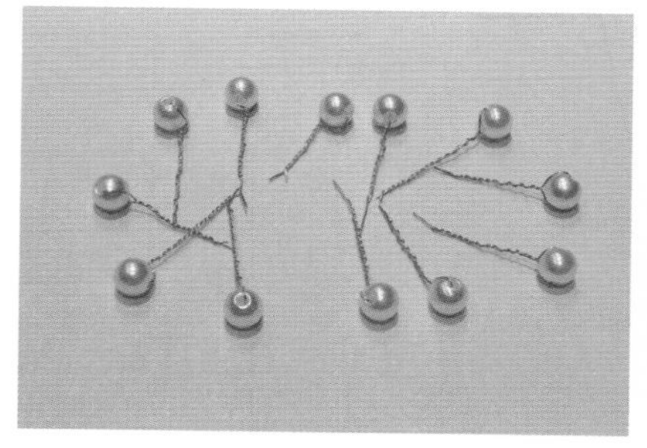

（g）将小珍珠用金属线旋转拧紧

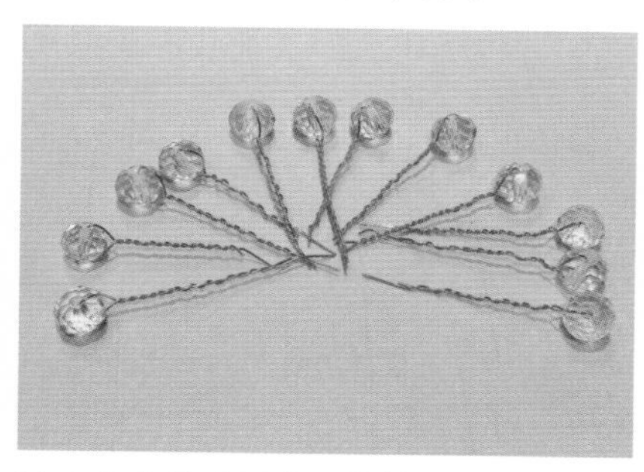

（h）将水晶珠用金属线旋转拧紧

（i）将钻石固定在发钗中间，大珍珠固定在钻石上方

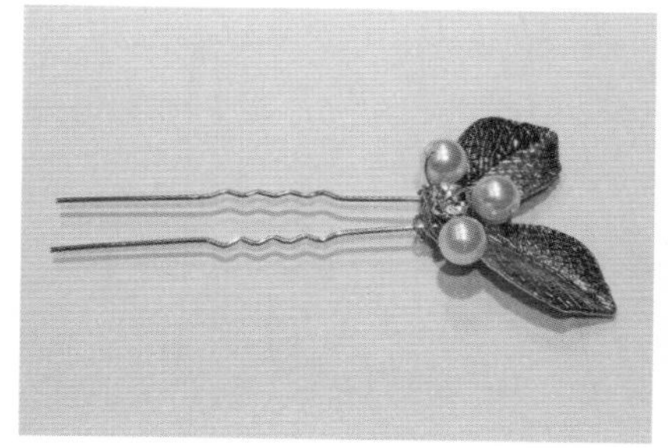

（j）再将2颗大珍珠分别固定在钻石两侧

（k）将水晶珠及剩下的珍珠规律的固定在发钗四周，注意美感

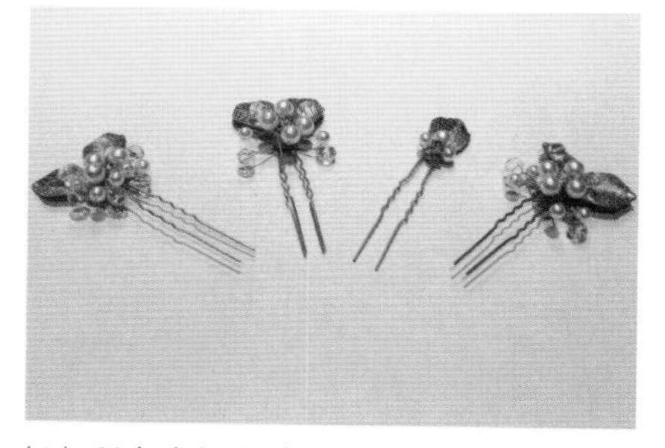

（l）所有发钗完成

图6-26　发钗制作

三、新娘头饰制作

新娘头饰要求华丽美观，同时大小要适宜。在制作的过程中，要注重饰品的合理搭配（图6–27）。

（a）材料准备：若干大、小珍珠，2颗水晶珠。八颗长珍珠、6片金属树叶、2朵小花，2朵带珍珠小花，2片独立树叶。钳子，剪刀，0.6mm、0.4mm镀金金属线

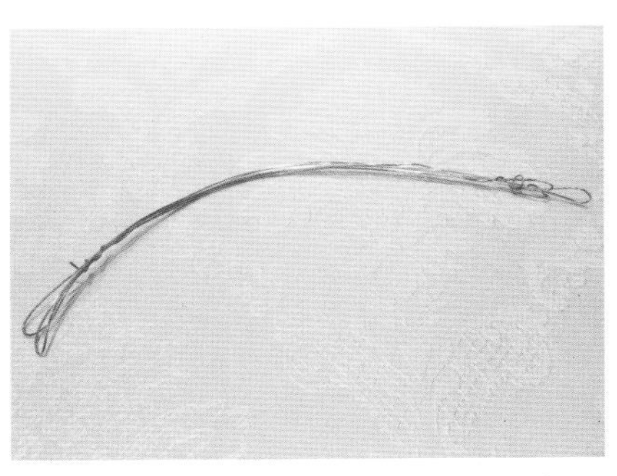

（b）选择0.6mm金属线，用剪刀剪下长度大约25cm的金属线。对折2次

（c）将树叶用0.4mm的金属线固定在枝干的头部

（d）将1颗长珍珠固定在枝干上

（e）再固定1片树叶，方向与上1片相同

（f）固定1颗长珍珠

（g）固定2颗长珍珠和1片树叶

（h）固定一朵带珍珠小花

（i）固定3颗小珍珠和1颗水晶珠

（j）固定1片独立树叶和3颗大珍珠

（k）固定1朵小花

（l）固定3颗大珍珠

（m）固定3颗小珍珠和1颗水晶珠以及1朵小花

（n）固定3颗大珍珠

（o）固定1颗带珍珠小花

（p）固定4颗长珍珠

（q）最后将剩下的2片树叶固定在尾部，发饰完成

（r）模特试戴头饰图

图6-27　头饰制作

课后练习

1. 饰品有哪些材质？
2. 手工制作饰品需要哪些工具？
3. 简述手工制作饰品的大致流程。
4. 新娘白纱手工饰品制作有哪些要点？
5. 生活中有哪些可以自己手工制作的创意饰品？
6. 尝试自己设计制作1件手工饰品。

第七章

化妆与造型案例解析

学习难度：★☆☆☆☆

重点概念：生活妆容造型、时尚妆容造型

PPT课件，请用计算机阅读

章节导读

随着生活水平及个人品味的逐渐提高，人们对美的追求与日俱增。在日常生活中，越来越多的人开始注重自己的妆容造型。在不同的场合，也应该选择不同的妆容造型类型，只有适合，才能产生好的效果。除了生活妆之外，还有影楼妆容、新娘妆容、时尚妆容等，影楼妆容强调主题，新娘妆容强调华丽，时尚妆容强调精致，各有其特色，其中包含的知识也很丰富（图7-1）。

图7-1　影楼化妆造型

第一节　生活妆容造型

一、造型重点

1．在底妆的处理上，有些人一味地掩盖瑕疵，使自己的脸成为一张底妆厚重的大白脸

这样的底妆作为上镜妆或舞台妆勉强可以，但作为生活妆容，过厚的底妆更容易产生各种表情纹，非常不自然，甚至显得恐怖。而有些人一味地追求无妆般的底妆效果，从现实角度讲这不太可能。再细致的底妆经过仔细观察都会显现出细微的粉质颗粒。真正好的生活底妆是适当遮盖瑕疵，并且肌肤呈现通透感。选择品质好的粉底液并进行细致的打底，就能达到这样的理想效果。

2. 一味地追求立体感也是生活妆容中一个常见的误区

很多人都知道通过暗影膏和暗影粉来塑造小脸形和高挺的鼻子，但这是在一定的度之内，例如，国字脸通过暗影修容只会让脸形的线条柔和，却不可能成为瓜子脸。过度的暗影修容会让妆容看上去不够自然且显脏，不符合生活妆容的理念。修容以自然柔和为好，化妆是在个人基础之上通过细致的修饰使人更加完美，不是回炉重造。

3. 只注重自己看得到的地方、不注意细节是很多人平时化妆的弊端

这是指在化妆的时候只注意睁开眼睛的效果，而忽略了眼影细节的晕染。我们在日常生活中是不可能不眨眼和做各种表情的。经常有这样的女孩，在睁开眼睛的时候是个大眼美女，闭上眼睛的时候却会显露出粗黑的眼线和没有层次的眼影，这样的妆容会大打折扣。所以不管是眼线还是眼影，都要做到线条流畅，过渡自然。

4. 不要一味地追求潮流

现在各种资讯非常发达，流行的东西日新月异，化妆也是如此。而对于日常化妆来说，要从个人情况出发，流行的不一定适合自己，而适合自己的妆容才是最好的。所以将一些流行元素选择性收入即可，没必要照单全收用在自己脸上。

5. 不是只要用好的化妆品就一定能画出好的妆容

化妆是一门技艺，需要不断地揣摩和练习。好的化妆品能够带来好的品质，但化妆品只是媒介，最主要的还是操作者的技术。

二、案例解析

1. 韩式生活妆容

此款妆容结合时下大热的韩流趋势，在追求裸妆感觉的基础上，添加了发饰的亮点（图7-2）。

（a）侧面效果

（b）正面效果

（c）背面效果

图7-2 韩式生活妆容

2. 清新生活妆容

小清新的风格被很多年轻女孩子所喜爱，这不仅得益于该妆容给人的亲和感，还包括该妆容独特的自然通透感（图7-3）。

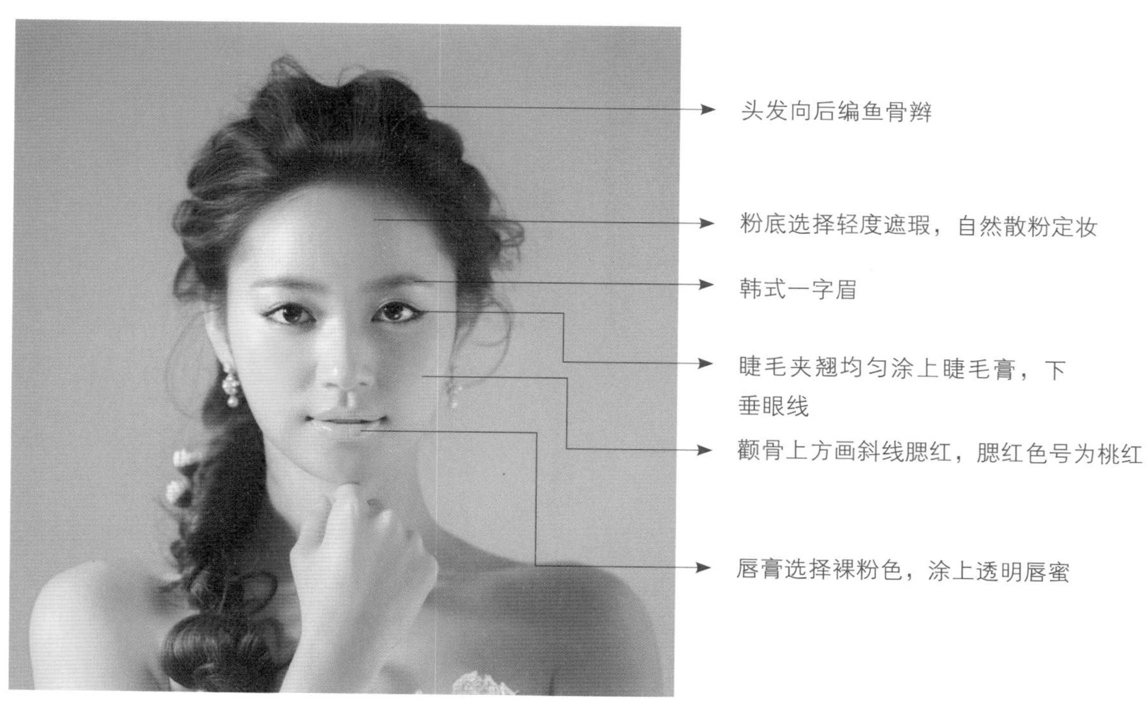

（a）正面效果

（b）侧面效果

（c）用小花朵随意点缀在头发上

图7-3　清新生活妆容

第二节　时尚妆容造型

一、造型重点

时尚创意妆容造型的表现可谓千变万化，更多的是体现设计者的个人灵感和思想，无法将其限制。有一点是可以肯定的，一个成功的时尚创意妆容造型都会有主题思想，而不是随意描画，并且具有强烈的画面感和视觉冲击力。

二、案例解析

1. 时尚鲜花妆容造型

该款妆容造型的重点在头上的鲜花配饰，使整个妆容更加鲜活（图7–4）。

选取大小相间的玫瑰花，扎在头顶。注意层次感

选择遮瑕感较好的粉底，散粉定妆

眉毛选择比较细的标准眉形

描画一条顺畅的眼线，黑色眼影晕染睫毛根部，贴上假睫毛

圆形腮红，腮红色号为粉红

裸色唇膏打底，西瓜色亚光口红

用卷发棒将头发夹出弧度

（a）正面效果

（b）侧面效果

（c）背面效果

图7-4　时尚鲜花妆容造型

2. 时尚摩登感妆容造型

该款妆容重点在于眼妆，复古的猫眼妆容，凸现摩登感（图7-5）。

（a）正面效果

（b）侧面效果

（c）背面效果

图7-5 时尚摩登感妆容造型

第三节 影楼妆容造型

一、造型重点

影楼写真妆容造型与婚纱妆容造型不同，它是针对个人的一种拍摄服务。在写真妆容造型中，个人喜好的因素对其风格起主导作用。

二、案例解析

1. 青春可爱感写真妆容造型

这种风格的写真适合比较年轻的人。一般这种写真的造型会比较生活化，直发、自然卷发、随意感盘发、波波头假发等形式比较常见。在妆容的处理上要把人打扮得甜美可爱（图7-6）。

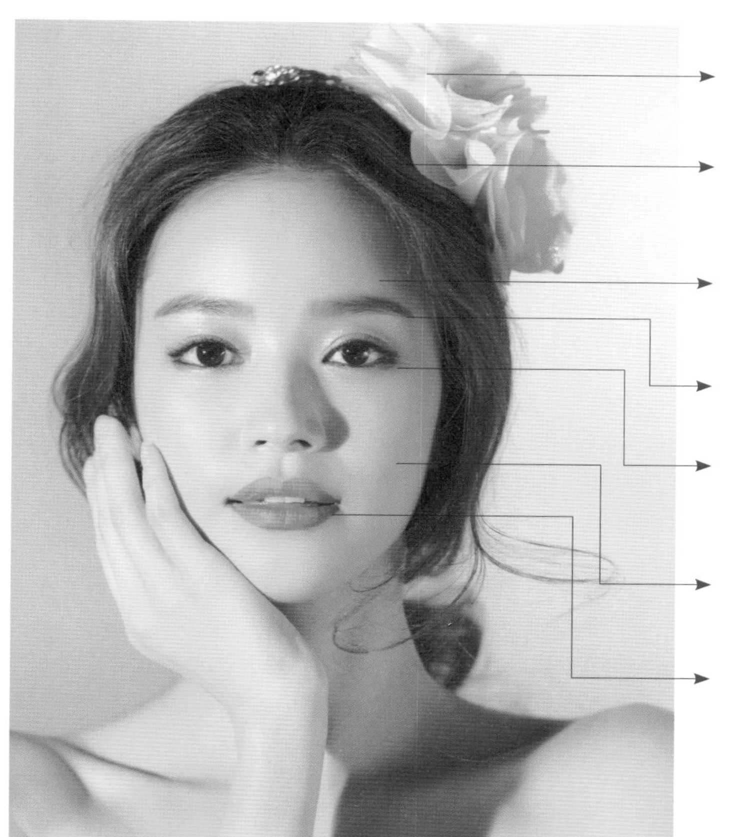

选择粉红色的花朵头饰，凸显青春感

在脸周围留几缕发丝，凸显俏皮感。剩余头发向后束低马尾

选择质感较薄的轻透粉底，珠光散粉定妆

平缓的眉形

从上眼睑眼头描绘眼线，眼尾上扬。选择大地色眼影晕染眼尾及下眼睑。贴上假睫毛

腮红为扇形，淡淡的刷上一层

桃红色唇膏晕染整个嘴唇。与头饰呼应

（a）正面效果

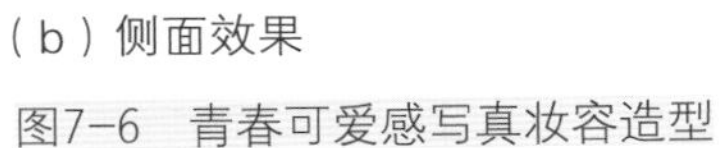

（b）侧面效果　　（c）背面效果

图7-6　青春可爱感写真妆容造型

2. 古风写真妆容造型

古风写真妆容造型就是古典写真妆容造型。这种风格的写真在妆容造型的设计上会添加一些随意的元素。只要掌握好特色服饰妆容造型，并和摄影师做好沟通，适当加以变化就能很好地完成古风写真妆容造型（图7-7）。

选择古风水晶花朵头饰

头发选取两缕向后扭转固定，剩余头发在后颈偏下位置束起，拉松

选择色号较白的粉底，遮瑕度中等，高光暗影修饰，自然散粉定妆

眉形略微上挑

自上眼睑画一条细细的眼线，眼尾下垂。自下眼睑中间位置往后画眼线，连接上眼线。贴假睫毛

斜线腮红，腮红色号为淡橘色

选择深红色唇膏，用唇刷描绘出唇形。唇峰要明显

（a）正面效果

（b）侧面效果

（c）背面效果

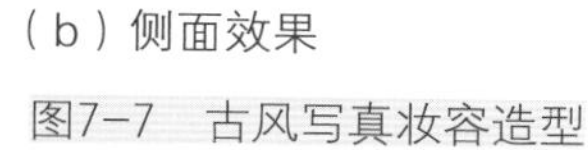

图7-7　古风写真妆容造型

第四节　新娘妆容造型

一、造型重点

1. 注意新娘婚礼服装的色彩

与白纱不同的是，晚礼的色彩五花八门，所以要考虑搭配白纱的妆容色彩会不会与之后的晚礼服色彩相冲，因为从白纱到晚礼的换装时间很短，如果色彩相冲的话很难在短时间内调整妆容。

2. 了解新娘有没有对某种色彩的偏好

如果新娘特别不喜欢某种色彩，要在设计妆容的时候尽量避开这种色彩。

3. 了解新娘有没有特殊的忌讳

因为民族、地域文化的差异，不同的新娘可能会有不同的风俗习惯，所以不能一概而论。

4. 注意造型的固定是否牢固

新娘在迎亲环节和敬酒环节会与宾客有一些互动，不牢固的造型如果在婚礼的过程中散落，会影响整个婚礼的进程，并且不太吉利。

5. 考虑一下新郎与新娘的高度落差

一般以新娘穿上鞋子之后略低于新郎为佳，有时候遇到个子很高或很矮的新娘，就要考虑造型的具体走向该如何处理。

二、案例解析

1. 当日新娘典礼白纱妆容造型

新娘白纱妆容造型注重气质的提升，妆容以适合新娘的特色为主，同时要衬托出新娘的好气色（图7–8）。

（a）侧面效果

（b）正面效果

（c）背面效果

图7–8　当日新娘典礼白纱妆容造型

2. 新娘晚礼妆容造型

新娘晚礼妆容造型常选择中国传统服饰，妆容也倾向于浓妆，更贴合晚宴的气氛（图7-9）。

（a）正面效果

（b）右面效果

（c）左面效果

图7-9 新娘晚礼妆容造型

课后练习

1. 生活妆容造型有哪些重点?
2. 影楼化妆造型要注意哪些地方?
3. 韩式妆容的特点是什么?
4. 时尚新娘化妆造型与中式新娘化妆造型的区别是什么?
5. 还有哪些风格或种类的化妆造型?
6. 尝试完成1套化妆造型。

[1] 许先本. 化妆造型. 北京：北京师范大学出版社，2016.
[2] 宋婷. 化妆造型核心技术修炼. 北京：人民邮电出版社. 2015.
[3] 蒋育秀，姚慧明. 人物化妆造型设计. 北京：中国广播影视出版社. 2010.
[4] 安洋. 化妆造型技术大全. 北京：人民邮电出版社. 2013.
[5] 唐宇冰，赵凌. 化妆造型设计. 北京：化学工业出版社. 2010.
[6] 刘海峰. 专业化妆造型的秘密. 北京：人民邮电出版社. 2014.
[7] 徐子涵. 化妆造型设计. 北京：中国纺织出版社. 2010.
[8] 马羊. 化妆造型技术完全自学手册. 北京：人民邮电出版社. 2017.
[9] 李琳. 实用新娘化妆造型. 上海：东华大学出版社. 2011.
[10] 王嫦. 美容化妆造型. 上海：上海交通大学出版社. 2010.
[11] 梁义. 新娘造型设计与技法. 沈阳：辽宁科学技术出版社. 2012.